U0176629

国家自然科学基金重点项目(51734009)资助
国家自然科学基金面上项目(42174165)资助
国家自然科学基金青年科学基金项目(51904270)资助
徐州工程学院学术著作出版基金资助

掘进巷道断层地震超前探测方法与技术

黄兰英　王　勃　刘盛东　著
王圣程　宋雪娟

中国矿业大学出版社

·徐州·

内 容 简 介

本书以理论分析、数值模拟、现场试验为研究方法,以基于希尔伯特变换复协方差矩阵极化分析、统计矢量矩阵分析为关键技术,以形成一种煤巷断层超前精细定量探测方法为研究目标开展了研究。全书包括:绪论、理论基础、煤层全空间弹性波场模拟及极化特征分析、含巷道地震波全空间三维波场数值模拟与极化特征分析、现场案例分析、结论与展望共 6 章内容。

本书理论与实践相结合,可供地质工程、勘查技术与工程、土木工程、安全工程、采矿工程等理工科专业的教师、研究人员和工程技术人员参考使用。

图书在版编目(C I P)数据

掘进巷道断层地震超前探测方法与技术/黄兰英等
著. ─徐州:中国矿业大学出版社,2022.1
ISBN 978 - 7 - 5646 - 5225 - 8

Ⅰ. ①掘… Ⅱ. ①黄… Ⅲ. ①巷道施工─活动断层─地震灾害─地震预测 Ⅳ. ①TD263②P315.9

中国版本图书馆 CIP 数据核字(2021)第 235593 号

书　　名	掘进巷道断层地震超前探测方法与技术
著　　者	黄兰英　王　勃　刘盛东　王圣程　宋雪娟
责任编辑	陈　慧
出版发行	中国矿业大学出版社有限责任公司
	(江苏省徐州市解放南路　邮编 221008)
营销热线	(0516)83884103　83885105
出版服务	(0516)83995789　83884920
网　　址	http://www.cumtp.com　E-mail:cumtpvip@cumtp.com
印　　刷	徐州中矿大印发科技有限公司
开　　本	787 mm×1092 mm　1/16　印张 8.25　字数 148 千字
版次印次	2022 年 1 月第 1 版　2022 年 1 月第 1 次印刷
定　　价	36.00 元

(图书出现印装质量问题,本社负责调换)

前　言

在煤矿井下开展地震探测工作,技术优势显著,具体表现在:探测距离近、验证快;不受地面不利因素干扰;针对多层采空区及地表沉陷情况,可有效填补地面地震探测的不足。目前采用矿井地震波法进行断层超前探测是一个研究热点,但是煤巷地质条件复杂,断层超前探测存在煤层巷道以及围岩松动圈影响,而煤巷、围岩松动圈条件下的三维地震波场特征尚未被揭示,常规偏移成像方法难以准确构建断层模型。故以煤巷前方断层三维地震波场特征及精细成像方法为研究对象开展研究,具有重要的理论意义和实践价值。

笔者以理论分析、数值模拟、现场试验为研究方法,以基于希尔伯特变换复协方差矩阵极化分析、统计矢量矩阵分析为关键技术,以形成一种煤巷断层超前精细定量探测方法为研究目标开展了研究,系统揭示了掘进工作面前方正、逆断层有效波的运动学、动力学差异特征,阐明了全空间条件下煤巷空腔及围岩松动圈效应耦合影响下的超前断层地震波极化特性,提出了一种对掘进工作面前方断失翼煤层进行高精度定位的希尔伯特极化成像新方法,基于 Visual C++.net平台开发了 HTPsFilter 矿井巷道多波多分量地震数据处理系统,在典型矿区开展了现场试验并实现了煤巷断层超前定量探测,为煤巷安全掘进提供了必要的技术参数。

本书是在作者近年来研究成果报告和学术论文的基础上编写的,这些成果的获得无疑与合作单位的全力配合是密不可分的,特别是山东能源集团有限公司、淮南矿业(集团)有限责任公司、晋能控股集团有限公司及安徽惠洲地质安全研究院股份有限公司等单位在资料收集、仪器研发、软件开发、现场试验等方面给予了大力支持;本书的研究工作得到了国家自然科学基金重点项目(51734009)、国家自然科学基金面上项目(42174165)、国家自然科学基金青年科学基金项目(51904270)的支撑;另外,本书还得到了徐州工程学院学术著作出版基金的大力支持,在此一并表示衷心的感谢! 同时对书中所引用文献的作者致以崇高的敬意!

限于作者水平,书中观点和研究方法可能存在片面性,恳请各位专家和读者不吝赐教。

著 者

2021 年 10 月

目 录

1　绪　　论

1.1　研究背景与意义

2020年,全国煤炭消费占一次能源消费的比重约为57%,其中90%以上的煤炭来自井工开采,我国"富煤、贫油、少气"的国情决定了在30年内以煤炭为主的能源结构不会有大的改变[1]。在经济新常态、供给侧改革的形势下,安全、有效、经济的地质保障技术需求十分迫切。

我国煤炭开采地质条件复杂,断层构造是巷道掘进冒顶、突水等重大灾害的重要隐蔽致灾因素。原国家煤矿安全监察局在系统分析全国突水事故资料后指出,由于断层面或断层牵引的裂隙带导水而引发的矿井突水灾害在突水事故中占有绝对主导的位置[2]。断层不仅控制深部水体分布与运移,而且还影响煤层赋存状态[3]。在煤层构造发育矿区,经常出现煤巷因无法判别断失翼煤层(过断层找煤)而导致的无效巷道进尺、盲目施工钻孔等影响掘进效率及生产安全的事故[4],其中在云、贵、川、豫、鲁、宁、甘、新、湘、赣等地区尤为突出。因此,如何精细探测断层这一关键性隐蔽致灾地质构造,是国家保障煤矿安全高效生产的重大需求[5-8]。

从1994年开始,三维地震技术已开始普遍地应用到全国煤矿,为矿井采区设计和工作面布置提供了有效的地质保障,使用煤田三维地震勘探结合煤矿的探采对比进行了精细构造探测研究[9]。然而,东部矿区随着开采深度增加(如山东新汶孙村矿采深超1 600 m),占全国煤炭资源储量超过2/3的中西部地区受到复杂地形、黄土覆盖、基岩裸露等不利因素的影响,地面三维地震查明落差≤10 m的断层受到了限制[10];在多煤层地区,随着浅部上组煤的开采和多层采空区以及地表沉陷的影响,地面不再具备地震勘探条件[11]。因此,开展矿井地震探测研究十分急迫。

在煤矿井下开展地震探测工作,技术优势显著,具体表现在:探测距离近、验证快;不受地面不利因素干扰;针对多层采空区及地表沉陷情况,可以填补地面地震探测的空白。目前,采用矿井地震波法进行断层超前探测是一个研究热点[12],其中槽波勘探是煤矿井下地震技术的重要方法,由于反射槽波禁锢在煤层中而不向围岩辐射,可有效判断煤巷所在盘煤层错断位置[11],但不能识别断失翼煤层位置。煤层断点绕射波是识别断失翼煤层位置的特征波[10,13-14],但目前存在两个方面问题:① 全空间条件下煤巷空腔及围岩松动圈效应耦合影响下不同激发、接收点参数(空间位置、钻孔深度)的断点绕射波特征尚未被揭示,导致断点绕射波拾取困难;② 矿井狭小的施工条件(通常煤巷断面高、宽均为 3～5 m),使得煤巷无法像地面地震勘探一样合理布设观测系统,导致成像时偏移孔径(如图 1-1 所示)极小[15],其中线性观测系统情况下偏移孔径为零[16-17],常规成像方法导致绕射波成像丧失方向分辨率,在二维偏移剖面上不能确定断失翼煤层及其断点位置,进而难以准确构建断层模型。针对此科学问题,本书围绕掘进煤巷前方断层地震波场特征及成像方法展开研究,以期形成一种煤巷断层超前精细定量探测方法,具有重要的理论意义和实践价值。预期研究成果不但能够对煤矿井下地震精细探测研究起到重要的促进作用,而且有望针对性解决地面地震地质条件差或不具备地震勘探条件地区的断层精细探测问题,为煤巷安全、高效掘进提供重要的技术保障,更是切实落实国家"预测预报、有疑必探、先探后掘、先治后采"十六字方针的科技体现。

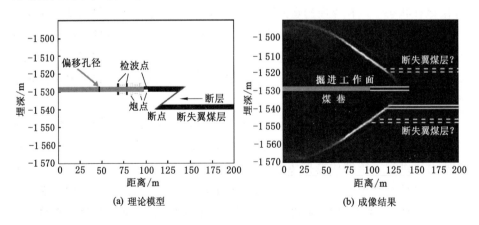

(a) 理论模型　　　　　　　　　(b) 成像结果

图 1-1　在极小偏移孔径条件下断点绕射波成像

　　本书依托国家自然科学基金项目"煤巷前方煤层断点绕射波特征及其在极小偏移孔径下的成像方法研究"的研究内容,通过数值模拟对地震绕射波法超前探测过程中井下环境影响下的地震波场特征进行详细的研究,提出利用断点绕射波进行超前探测的方法。本书的研究成果对提高数据采集质量、数据处理水平以及综合地质解释能力具有理论指导意义和参考、应用价值。

1.2　国内外研究现状

1.2.1　矿井地震超前探测技术研究现状

　　目前地球物理超前探测方法较多,具体包括地震波法类、电磁法类、直流电法类以及其他类。通过相关文献资料对比分析[18-25],地震波法所受干扰影响较小,最适宜对巷道前方断层等构造异常进行预报;其中地震波法主要包括反射体波法、散射波法、反射槽波法和绕射波法等。

　　(1) 反射体波法

　　反射体波法超前探测在隧道领域起步早,主要的地震超前探测技术包括:20 世纪 50 年代日本 OYO 公司研发的 HSP 技术[26-27],钟世航[28-30] 研发的陆地声纳法,曾昭璜[31] 提出的地震负视速度法,20 世纪 90 年代中期瑞士 Amberg 测量技术公司开发的 TSP 技术[32-43],20 世纪 90 年代后期美国 NSA 工程公司研发的 TRT 技术[44-45],德国 GFZ 公司研发的 ISIS 技术[46-47],北京水电物探研究所研发的 TGP 技术[48-49],吉林大学研发的 TSD 技术[50],叶英[51] 研发的 USP 技术,E. Brückl 等[52] 研发的 TSWD 方法等。这一系列国内外技术都属隧道空间地震类超前预报方法,分别代表了不同研究阶段的技术成果及特点,并在工程中得到应用[53-64]。

　　相比于隧道超前预报研究,矿井巷道研究报道较少。沈鸿雁[65] 提出了反射波法隧道井巷地震超前预报技术,刘盛东等[12] 提出了矿井震波超前探测技术,胡运兵[66] 提出了矿井多波多分量超前探测技术,贺志云[67] 开发了针对 MMS-1 型矿井多波地震仪的三分量数据采集系统并用于巷道超前探测。

　　(2) 散射波法

　　赵永贵等[68] 提出了 TST 地震 CT 成像技术,通过采用逆散射成像理论,获得了前方地质异常体较高的图像定位精度;胡明顺等[69] 针对矿井地质异常散射信号进行成像计算;程久龙等[70] 采用数值模拟手段探讨了矿井巷道地震散射波超前探测成像方法。

（3）反射槽波法

围绕采煤工作面槽波勘探，程建远[71]、蒋锦朋[72]、王伟[73]、姬广忠[74]等取得了大量理论及实践成果，但针对反射槽波超前探测的研究相对较少。杨真[75]探讨了薄煤层反射槽波超前探测可行性；杨思通、程久龙[76]对小构造地震波场进行了数值模拟研究，得出反射瑞利（Rayleigh）型槽波产生的瑞利面波可以作为超前探测小构造面的特征波；王勃等[77]基于基尔霍夫（Kirchhoff）积分叠前深度偏移实现了槽波超前偏移归位；陆斌[78]利用掘进机作为震源对一个断距8 m的直立断层进行超前探测试验，获取了反射槽波。覃思、程建远[79]在哈拉沟煤矿开展了随采地震试验，试验结果表明以掘进机为震源的随采地震技术有潜力探测到煤层中的断层。

（4）绕射波法

杨思通、程久龙[80]分析超前探测模型的弹性波场后指出，掘进工作面前方的煤层尖灭点上会产生能量较强的绕射波，绕射波是识别掘进工作面前方构造异常的有效波。邓帅奇[13]指出因断层错开的煤层断点绕射波是识别煤层位置的特征波。目前，矿井地震波超前探测暂未见绕射波成像研究报道，但在地面油气、煤田地震勘探等领域有相关研究。

Tyiasning等[81]指出绕射波与地下不连续地质体存在密切联系，可充分利用绕射波信息来提高地震资料处理的分辨率，绕射波成像剖面上断点非常清楚，易于解释。针对复杂构造、岩层尖灭隐蔽油气藏、多裂缝及孔洞型碳酸盐岩等储层地震勘探，张剑锋[82]、朱生旺[83]、黄建平[84]、王真理[85]、李学良[86]等指出绕射波成像方法能有效地对地下小尺度不连续地质体如断层、裂缝、粗糙岩丘边缘等高精度成像。杨德义等[87]基于陷落柱的绕射波信号，实现了煤矿陷落柱定性定量解释。

尽管国内外学者围绕断层超前探测开展了大量研究，但是到目前为止仍存在不足：由于反射槽波禁锢在煤层中而不向围岩辐射，反射槽波法可判断煤巷所在盘煤层错断位置，但难以识别断失翼煤层位置；在煤巷极小偏移孔径下，散射波法、反射体波法存在对称病态成像问题[15]，对此本文基于三分量信号构建协方差矩阵并求取反射波主极化方向（指示了断层面反射波传播方向），构建调制函数；通过极化偏移[14]，反射体波法可对断层面超前成像，但同上述反射槽波法及散射波法一样，仍然不能判定断失翼煤层信息。反演断失翼煤层位置需基于煤层断点绕射波开展成像研究[10,14]，但目前存在两个问题：① 与地面地震勘探不同,煤巷超前探测时绕射波近似水平入射,现有观测系统以借鉴隧道为主[88],未考虑到全空间条件下煤巷空腔、围岩松动圈效应耦合影响[89],以及忽略了掘进工作面前方煤层的低速夹层特征对波场传播影响,难以获到有效绕射波信号;② 极小偏移孔径条件下传统成像方法不能实现断点归位,进而难以构建基于煤层断点的断层模型。

1.2.2　波场分离技术研究现状

与传统纵波地震勘探相比,多波多分量地震勘探记录的地下波场信息更加丰富。这些波场信息既包含纵波信息,也包含横波信息。而纵波和横波这两种波在地下传播时,其动力学特征和运动学特征都不相同,这也决定了纵、横波波场性质有很大差异。地震记录中,这两种不同性质波场的混杂,不利于我们对多波多分量地震勘探数据的处理和应用,所以多波多分量地震勘探数据处理需要对地震勘探数据进行波场分离处理[90-92]。分离纵、横波的方法主要是依据纵波和横波的运动学特征(如波传播的时间和空间规律)和动力学特征(如波的频率、振幅及相位等的变化规律)差异进行分离。现有的分离方法有以下两类:

(1) 运动学类

① 拉冬(Radon)变换

按照拉冬变换积分路径可分为:线性拉冬变换、非线性拉冬变换两种[93-102]。当被积函数积分路径是线性时,常称为线性拉冬变换;当被积函数积分路径是非线性时,通常称为广义拉冬变换或非线性拉冬变换;如 HRT 双曲线拉冬变换、PRT 抛物线拉冬变换,就是属于广义或非线性拉冬变换。这三种类型的拉冬变换其实质上是可以统一的,可用如下统一的公式表达[103-112]:

$$\varphi(\tau, p) = \int_{-\infty}^{\infty} \varphi(t, x) \, \mathrm{d}x \tag{1-1}$$

$$\varphi(t, x) = \int_{-\infty}^{\infty} \varphi(\tau, p) \, \mathrm{d}p \tag{1-2}$$

式中,$\varphi(t, x)$表示地震数据;$\varphi(\tau, p)$为拉冬变换域数据;x是空间变量,如偏移距;t是地震数据的双程旅行时;p表示拉冬变换曲线曲率的坡度;τ是截距时间。如果定义积分变量中:$t = \tau + px$,则为线性拉冬变换;$t = \tau + px^2$,相应就是抛物线拉冬变换;$t = \sqrt{\tau^2 + px^2}$,便是双曲线拉冬变换。在隧道、巷道进行纵横波分离过程中,主要利用线性拉冬变换,因为前方界面反射波组主要表现为线性负速度特征,故可在 τ-p 域根据纵横波波速不同即 p 存在差异(纵波 p 数值小，横波 p 数值大），以及波速不同导致的旅行时不同即 τ 存在差异进行纵横波分离。

② 中值滤波

中值滤波是一种非线性信号处理技术，该方法基于排序统计理论。它把数字序列或图像中一点的数值，用该点的一个邻域中各点数值的中值进行替代。设现有一组数 $(x_1, x_2, \cdots, x_n)$，对于这 n 个数，按其数值大小排序，取重排序后的中间数值作为输出值：

$$y = \mathrm{median}\{x_1, x_2, \cdots, x_n\} = \begin{cases} x_{(n+1)/2} & n \text{ 为奇数} \\ (x_{n/2} + x_{n/2+1})/2 & n \text{ 为偶数} \end{cases} \tag{1-3}$$

中值滤波技术在 VSP 上、下行波分离应用广泛[113-116]，但在纵横波分离中应用较少，而改进的径向中值滤波法在纵横波分离中可取得较好效果。径向中值滤波法进行纵横波分离是基于纵横波视速度差异，沿低视速度线性同相轴方向运用中值滤波法分离出横波，也可沿高视速度线性同相轴方向运用中值滤波法分离出纵波。同时，还可利用"减去法"衰减横、纵波，从而增强纵、横波信号，得到期望的波场记录。

（2）动力学类

① 极化滤波分离法

极化滤波是多波地震勘探中分离纵横波、提高信噪比的一种重要方法，它主要是利用各种类型波的极化特性（及偏振特性）对干扰波进行消除。波的偏振及波的极化，是波场的时空特征，地震波的偏振就是波通过空间记录点时介质质点的振动，对于不同类型的波，它的偏振参数不同。如纯纵波和纯横波传播时都表现为线性偏振特性，其质点的运动方向与传播方向分别表现为一致和垂直；面波（如瑞利面波），它在铅垂平面中做椭圆状偏振。在实际接收到的地震波场记录中，地下波场信息十分复杂，不同类型、不同性质波的叠加和干扰通常使介质质点的运动轨迹呈复杂的空间曲线[92,117]。

目前常用的极化滤波分析方法有四种，即 Cone 滤波法、Tender 滤波法、Tendine 滤波法和 Poline 滤波法。其中，Cone 滤波法和 Tender 滤波法的滤波器主要是利用质点瞬时运动的偏振参数进行设计的。Tendine 滤波法相较于 Cone 滤波法和 Tender 滤波法，它的优势在于可以将同一波型的振动完整地保留下来，主要是由协方差矩阵计算偏振参数。Poline 滤波法原理和 Tendine 滤波法是一样的，不同的是，它引进了一个滤波系数。它是将时间域内所采集到的数据经过加权来构建的，其波场值经过滤波处理后是被完全恢复的，如果再次滤波的话,输入场值可以再次利用,目前它具有较好的适用性及灵活性,也是应用得比较多的一种极化滤波方法[118-122]。

② 频率-波数域(F-K 域)滤波法

纵横波频率域差异主要表现为纵波频率相对横波高,巷道中纵波频率范围一般为 $250 \sim 600\ \mathrm{Hz}$,横波频率范围一般为 $100 \sim 300\ \mathrm{Hz}$。纵横波速度差异表现为纵波速度($v_\mathrm{P}$)相对横波($v_\mathrm{S}$)高,对多数已固结的岩石来说 $v_\mathrm{P} \approx \sqrt{3}\,v_\mathrm{S}$。

F-K 域滤波法是以二维傅立叶变换理论为基础,它的思路是:对输入的信号(如一个共炮点或一个 CMP 道集数据)进行二维傅立叶正变换,得到其频率波数域记录,然后求出频率波数谱,设计滤波器,并实现频率-波数域滤波处理,最后对得到的信号进行二维傅立叶逆变换,得到二维滤波的结果。其中,滤波器的设置是滤波法的关键技术所在。正、反变换公式如下:

$$G(f,k) = \int_{-\infty}^{+\infty} \int_{-\infty}^{+\infty} \varphi(t,x)\,\mathrm{e}^{-i2\pi(ft+kx)}\,\mathrm{d}t\mathrm{d}x \tag{1-4}$$

$$\varphi(t,x) = \int_{-\infty}^{+\infty} \int_{-\infty}^{+\infty} G(f,k)\,\mathrm{e}^{-i2\pi(ft+kx)}\,\mathrm{d}f\mathrm{d}k \tag{1-5}$$

式中,$\varphi(t,x)$ 为 t-x 域二维地震信号;$G(f,k)$ 为频率波数 F-K 域变换结果;k 为波数。在 F-K 域中,视速度、频率和视波数三者之间有如下关系:

$$v = \frac{f}{k} \tag{1-6}$$

当空间采样合适,地震波记录在 t-x 域中不同频率、不同视速度的纵横波同相轴信号在 F-K 域中因 f、k 的不同而实现纵横波分离[123-128]。

③ 奇异值分解滤波法

奇异值分解最早是由 Beltrami 针对实正方矩阵在 1873 年提出来的,在 1902 年由 Autonne 将其推广到复正方矩阵,1939 年又由 Eckart 和 Yong 进一步推广到一般的长方形矩阵[129-130]。奇异值分解理论的提出,很快在地震信号去噪、信号分解重构等方面得到应用。奇异值分解滤波法(SVD 滤波)是基于此理论,利用特征值或者奇异值作为正交基在信号空间正交分解的特征增强相干能量,减弱干扰信号。设二维地震剖面为 X,地震记录道数为 m,采样点数为 n,则 $m \times n$ 阶矩阵 $\boldsymbol{X}$ 的奇异值分解可化为 $m \times m$ 阶正交矩阵 $\boldsymbol{U}$,$m \times n$ 阶对角矩阵 $\boldsymbol{\Sigma}$ 和 $n \times n$ 阶正交矩阵 $\boldsymbol{V}$ 的乘积:

$$\boldsymbol{X} = \boldsymbol{U\Sigma V}^\mathrm{T} \tag{1-7}$$

$\boldsymbol{U}$ 由 $\boldsymbol{X}\boldsymbol{X}^\mathrm{T}$ 的特征值向量构成,$\boldsymbol{V}$ 由 $\boldsymbol{X}\boldsymbol{X}^\mathrm{T}$ 的特征值向量构成;其中,$\boldsymbol{\Sigma}$ 由奇异值构成,且奇异值由大到小排列在矩阵的主对角线上;矩阵 $\boldsymbol{X}$ 经奇异值分解后,其

总能量可以用奇异值平方和来表示。大奇异值对应的本征图像主要代表有效信号,小奇异值对应的本征图像主要代表干扰信号[131-132]。高静怀[133]、陈遵德[134]、李文杰[135]及牛滨华[136]等人先后应用 SVD 滤波技术进行过比较详细的研究。

在纵横波分离过程中,可通过线性变换(如线性动校正),对视速度不同的纵、横波信号进行预处理,使纵波信号相干性强,然后利用 SVD 压制横波增强纵波,最后通过反线性动校正完成分离;反之,可提取横波分离纵波。

与 SVD 滤波法原理相同的 KL 变换滤波法(也称为主分量分析)[137],它求得的第一特征值相对其他特征值更大,用第一主分量输出也能很好地减弱干扰信号,但 SVD 滤波法比 KL 变换滤波法减弱干扰信号的精度要高。如果将两种滤波方法进行联合来减弱干扰信号,比使用其中的一种方法实用性更强,精度更高[130]。

④ 基于散度和旋度滤波

为了从弹性波场的水平、垂直分量中,分离出纯纵波及横波,还可利用纵、横波所具有的散度场和旋度场信息[138-139]。

通常情况,纵波可以利用弹性波场位移的散度来表示:

$$\Phi_P = \frac{\partial u}{\partial x} + \frac{\partial w}{\partial z} \tag{1-8}$$

横波可以用弹性波场位移的旋度来表示:

$$\Phi_S = \frac{\partial u}{\partial z} + \frac{\partial w}{\partial x} \tag{1-9}$$

式中,u、w 分别为弹性波场的水平、垂直位移。

通常在逆时偏移过程中,基于纵波为无旋场、横波为无散场的思路进行纵、横波分离。

1.2.3 偏移成像技术研究现状

从本质上说,地震偏移成像技术是利用数学手段使地表或井中观测到的地震数据反传播,消除地震波的传播效应得到地下结构图像的过程[140-144]。它是地震数据处理的关键,同时也是技术难点之一,有效的偏移成像方法是实现高精度、高分辨率探测的重要技术保障[145-148]。偏移方法在石油地震勘探中应用得比较成熟,分类方法也多,如按照所依据的理论基础,可以分为射线类和波动方程类偏移成像;根据实现的时空域,可分为时间偏移和深度偏移等。在各细分类中,又可分为不同的偏移方法,如射线类偏移方法可分为基尔霍夫偏移和束偏移[149-154]等,波动方程类偏移方法可分为基于双平方根(DSR)方程的单程波偏移等。但值得注意的是,对每一种方法的运用,都需要明确方法的假设条件和适用范围,以便针对实际地震资料的特点具体问题具体分析。

从现有文献资料分析来看,在全空间隧道、巷道关于超前偏移成像研究相对较少,但也可总结为射线偏移、波动方程偏移两类,具体如下:

(1) 射线偏移成像技术

绕射扫描叠加偏移[155-161]是建立在射线偏移的基础上使反射波自动归位到真实位置上的一种方法,它是以惠更斯原理为基础的一种叠前偏移技术。下面以多炮激发单道接收说明该技术成像基本思路:对于某一炮点S_1,根据检波点R_1及假定反射点P_i(空间的某一离散网格点)的空间坐标,并结合射线路径对应的速度值v_i,便可计算炮点S_1经过反射点P_i以及反射点P_i为新震源点到检波点R_1的射线路径长度及射线旅行时$t_{i,1}$。根据时间$t_{i,1}$在检波点R_1地震记录道上寻找对应的振幅值$A_{i,1}$(也可插值选取前后相邻采样点振幅值,如5个采样点),当离散网格点P_i按照S_1—P_i—R_1路径赋予振幅值后,便可进行下一炮点计算,即计算地震波从炮点S_2经过反射点P_i然后到检波点R_1的旅行时$t_{i,2}$。按照时间$t_{i,2}$在检波点R_1地震道上选取对应的振幅值$A_{i,2}$,然后依次计算其他炮点所对应的振幅值$A_{i,n}$,若1个检波点共接收n炮激发信号,则可从n道地震记录中选取出n个不同的振幅值$A_{i,1}$,$A_{i,2}$,$\cdots$,$A_{i,n}$,然后针对不同振幅求和。如果反射点P_i为非成像点,则采用叠加运算后,振幅数值相干性差,对应结果可能会出现正负相位振幅叠加运算而接近于零或出现较小的数值;反之,若反射点P_i为真正成像点,则满足以P_i点为共反射点条件的地震信号有n道,且均具有相同的振幅值,故相干性好的振幅值叠加后会出现较大的正或负数值。计算完一个检波点多炮信号后,多检波点也需进行相应叠加运算。在成像显示过程中,通过设置振幅能量阈值,便可将真正成像点凸显出来,从而实现能量异常界面准确成像。

(2) 波动方程偏移成像技术

① 基尔霍夫积分深度偏移

基尔霍夫偏移是地震波成像里使用最多的一项技术,它是基于波动方程积分方法,利用基尔霍夫绕射双曲线对记录进行叠加,波场记录信号的动力学特性和运动学特性被充分利用[162]。Luth等[163]首先将基尔霍夫叠前深度偏移(KPSDM)应用到隧道探测中,在复杂岩体环境下进行了不良地质体的成功预报。

基尔霍夫积分深度偏移[164-166]根据已知速度模型实现射线追踪,获取每个反射点到激发点和接收点的传播时间t_s+t_r,然后用下式对反射波实现偏移归位。

$$I(x,y,z) = \frac{1}{2\pi}\iint w(x,y,z,\boldsymbol{x})u(\boldsymbol{x},t_s+t_r)\mathbf{e}\mathrm{d}\boldsymbol{x} \tag{1-10}$$

式中，$I(x,y,z)$为网格点(x,y,z)处反射面的积分偏移结果；向量$\boldsymbol{x}$为炮点和检波点的空间位置；t_s+t_r为地震波射线旅行时，即地震波从炮点经过反射点，然后反射到接收点射线路径的传播时间；$w(x,y,z,\boldsymbol{x})$为权函数，用于修正上行波的幅值；单位向量$\boldsymbol{e}$作用是将采集时三分量检波器位置投影到设定的XYZ坐标系空间。

② 波动方程逆时偏移

逆时偏移是由Whitmore[167]在1983年的SEG年会上提出的。随后，一些国外学者，如Baysal[168]、Loewenthal[169]、Chang[170]等都对其进行了研究；国内学者，如尧德中[171]、焦叙明[172]、杜启振[173]等利用弹性波进行了逆时偏移研究。逆时偏移[174-177]主要步骤包括三个方面：震源波场的正向外推、检波波场的逆时外推和成像条件的应用。

震源波场的正向外推通常采用一阶速度-应力弹性波方程交错网格高阶差分方法进行；接收波场的逆时外推是波的逆时传播过程，实质为求解波动方程的边值问题。以各向同性介质弹性波为例，针对二维情况，可利用式(1-11)进行说明。

$$\begin{cases} \rho\dfrac{\partial v_x}{\partial t}=\dfrac{\partial \sigma_{xx}}{\partial x}+\dfrac{\partial \sigma_{xz}}{\partial z} \\[6pt] \rho\dfrac{\partial v_z}{\partial t}=\dfrac{\partial \sigma_{xz}}{\partial x}+\dfrac{\partial \sigma_{zz}}{\partial z} \\[6pt] \dfrac{\partial \sigma_{xx}}{\partial t}=(\lambda+2\mu)\dfrac{\partial v_x}{\partial x}+\lambda\dfrac{\partial v_z}{\partial z} \\[6pt] \dfrac{\partial \sigma_{zz}}{\partial t}=\lambda\dfrac{\partial v_x}{\partial x}+(\lambda+2\mu)\dfrac{\partial v_z}{\partial z} \\[6pt] \dfrac{\partial \sigma_{xz}}{\partial t}=\mu\dfrac{\partial v_x}{\partial x}+\mu\dfrac{\partial v_z}{\partial z} \\[6pt] v_x(x,z,t)=0,v_z(x,z,t)=0 \quad t>T \\[6pt] v_x(x,z,t)\big|_{x=x_r,z=z_r}=R_x(x,z,t),v_z(x,z,t)\big|_{x=x_r,z=z_r}=R_z(x,z,t) \quad t\leqslant T \end{cases} \tag{1-11}$$

式中，T为接收点记录的最大时间；x_r、z_r分别表示接收点的位置。

成像条件应用目前主要有以下三种：

a. 激发时间成像条件。

利用求解程函数方法获取模型中各离散点成像条件，在二维各向同性介质

中,程函数方程为下式:

$$\left(\frac{\partial t}{\partial x}\right)^2 + \left(\frac{\partial t}{\partial z}\right)^2 = s^2(x,z) \tag{1-12}$$

式中,t 为时间,$s(x,z)$ 为二维模型的慢度分布,x、z 为空间坐标。

对于激发时间成像条件,逆时外推每计算一步,在离散网格点上比较该时刻是否与成像时间一致,若时间一致则将振幅值赋到网格点空间位置上,外推计算结束便可得到逆时偏移的成像剖面。

b. 互相关成像条件。

$$I(x,z) = \int P^U(z,x,\omega) \left\{P^D(x,z,\omega)\right\}^* \mathrm{d}\omega \tag{1-13}$$

c. 反褶积成像条件。

$$I(x,z) = \int \frac{P^U(x,z,\omega)\left\{P^D(x,z,\omega)\right\}^*}{P^D(x,z,\omega)\left\{P^D(x,z,\omega)\right\}^* + \varepsilon} \mathrm{d}\omega \tag{1-14}$$

式中,$I(x,z)$ 为点的成像结果;$P^U(x,z,\omega)$,$P^D(x,z,\omega)$ 分别为 (x,z) 点对应的逆向外推和正推波场;ω 为角频率;$*$ 为复数的共轭;ε 为无穷小实数。

对于互相关成像或反褶积成像条件,每逆时外推一步,对逆向外推和正推的波场利用互相关或反褶积成像条件进行计算,然后将波场值累加至成像剖面上,直到接收波场正、逆向外推结束,便可获取最终的偏移成像结果。

③ 广义拉冬变换偏移

广义拉冬变换成像[178-180] 原理如图 1-2 所示。广义拉冬变换偏移考虑了炮点和检波点与反射点的夹角,对相位进行了校正,而且做了希尔伯特变换处理,对振幅也做了校正。

下面以均匀速度模型为例进行说明,其公式如下:

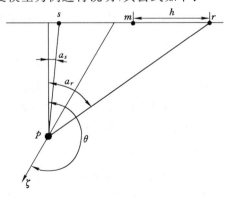

图 1-2　广义拉冬变换成像原理图

$$\langle f(x) \rangle = \frac{4}{v^3} \int dm \left[\left(\left| \frac{x-s}{x-r} \right| \right)^{1/2} \cos \alpha_r + \left(\left| \frac{x-r}{x-s} \right| \right)^{1/2} \cos \alpha_s \right] \times$$

$$\cos^2 (\alpha_r - \alpha_s) Hu \quad (r, s, t = \tau_0) \tag{1-15}$$

式中,α_s 是震源点 s 到反射点 x(图中 P 点为反射点)的入射线与垂线的夹角;α_r 是反射点到接收点 r 射线与垂线的夹角;m 是震源点 s 和接收点 r 的中点;h 是中点 m 与接收点 r 的距离;v 为常速度;$|x-s|$ 是反射点与炮点的距离;$|x-r|$ 是反射点与接收点的距离;H 是希尔伯特变换;$\tau_0 = (|x-r| + |x-s|)/v$。实际上该式也是波动方程的另一种更高精度的近似解,利用该公式可以对任意观测系统的数据进行偏移处理,具有较高的精确性。

1.3　研究内容

煤巷前方断层地震波场特征及成像技术研究,包含基础理论研究、数据处理方法软件编程实现、数值模拟及现场实验研究。本书共分成 6 个章节,其中第 1 章为绪论,第 6 章为结论与展望,研究内容简述如下:

(1) 掘进工作面前方断失翼煤层成像新方法研究。从绕射波的波场特征与极化特征出发,利用希尔伯特极化分析计算断点绕射波极化参数,通过检波器组合计算可能存在的绕射点并以其空间密度分布为衡量标准,对断失翼煤层进行收敛成像,为断层极化偏移成像提供必要的理论前提。

(2) 掘进工作面前方正、逆断层有效波的运动学、动力学差异特征研究。基于三维各向同性介质中弹性波方程交错网格有限差分算法,建立中厚煤层掘进工作面前方正、逆断层数值模型;分析全空间条件下含正逆、断层数值模型的三维波场特征;对比分析不同观测系统下信号的极化特征差异;得出希尔伯特极化分析方法针对不同属性断层的适用条件。

(3) 全空间条件下煤巷空腔及围岩松动圈效应耦合影响下的超前断层地震波波场特征和极化特征研究。建立全空间条件下含煤层空腔、围岩松动圈的数值模型;分析煤层空腔、围岩松动圈效应耦合影响下的断点绕射波特征;对比分析不同观测系统下信号的极化特征;分析不同干扰波(掘进工作面迎头绕射波、巷壁面波等)对希尔伯特极化分析的影响。

(4) 典型矿区煤巷断层超前定量探测研究。采用基于 Visual C++. net 平台开发的矿井巷道多波多分量地震数据处理系统进行数据处理,在安徽淮南、山东济宁矿区开展现场试验,构建出超前断层探测模型,利用实测结果对比论证希尔伯特极化成像技术。

1.4 技术路线

本书在查阅大量相关国内外文献、参考前人研究成果的基础上,在基础理论推导、软件编制、数值模拟及现场实际探测应用方面进行了系统研究。室内利用交错网格有限差分法对断层超前探测模型进行数值计算,采用单变量逐一筛选法分析不同激发、接收参数对断层有效波的效果影响;针对模拟断点绕射波,采用对比法研究绕射波波场特征;推导绕射波主极化方向约束的成像算法;在典型矿井开展现场试验,用现场实证对比法分析探测与实际揭露数据,完善超前探测方法。

本书研究具体技术路线如图 1-3 所示。

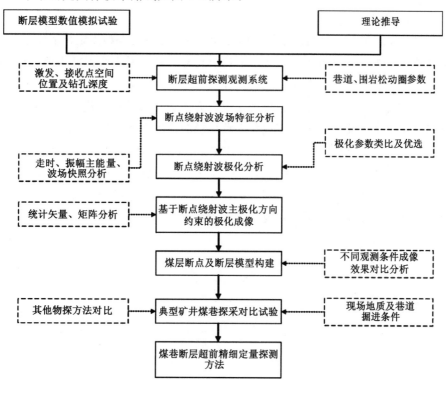

图 1-3 技术路线

1.5　主要创新点

（1）揭示了掘进工作面前方正、逆断层有效波的运动学、动力学差异特征。当正断层超前探测时，上盘断失翼煤层断点绕射波与下盘煤层断点绕射波、反射槽波混叠，断点绕射波无法识别；当逆断层超前探测时，上、下盘煤层断点绕射波到时差异显著，易于分离提取，且下盘断点绕射波极化偏振倾角指向性强。

（2）揭示了全空间条件下煤巷空腔及围岩松动圈效应耦合影响下的超前断层地震波极化特征。由于煤巷空腔和围岩松动圈耦合作用，巷道面波发育，断点绕射波极化偏振方位角与理论值存在较大偏差，而极化偏振倾角与理论值偏差较小；当断点绕射波穿过煤层时，极化参数发生改变，无法通过极化参数成像；当断点绕射波直接到达检波器时，极化参数准确，可以通过极化参数对断点进行精确成像。

（3）提出了一种对掘进工作面前方断失翼煤层进行高精度定位的希尔伯特极化成像新方法。该方法利用希尔伯特极化分析计算断点绕射波极化参数，通过检波器组合计算可能存在的绕射点并以其空间密度分布为衡量标准，对断失翼煤层进行收敛成像。希尔伯特极化成像方法无须考虑速度建模问题，利用时间域绕射波的极化特征可以实现断失翼煤层的准确定位。

（4）实现了典型矿区煤巷断层超前定量探测。利用基于 Visual C++.net 平台开发的 HTPsFilter 矿井巷道多波多分量地震数据处理系统，在典型矿区开展了现场试验，构建了超前断层探测模型，实证结果表明希尔伯特极化成像技术可为煤巷安全掘进提供必要的技术参数。

2 理 论 基 础

2.1 三维各向同性介质声波方程数值模拟基础

现今均匀各向同性介质三维声波方程的数值模拟方法是比较成熟的。交错网格有限差分法对于复杂构造和复杂地质体模型的模拟效果和实用性具有很大优势。均匀各向同性三维声波方程可表示为：

$$\frac{1}{v^2}\frac{\partial^2 p}{\partial t^2} = \frac{\partial^2 p}{\partial x^2} + \frac{\partial^2 p}{\partial y^2} + \frac{\partial^2 p}{\partial z^2} \tag{2-1}$$

式中，声波波场 $p = p(x,y,z,t)$，速度场 $v = v(x,y,z)$。时间导数采用二阶中心差分、空间导数为 $2N$ 阶差分精度的三维声波方程高阶有限差分格式为：

$$p^{n+1}(i,j,k) = 2p^n(i,j,k) - p^{n-1}(i,j,k) + \Delta t^2 v^2 \{L_x^2[p(i,j,k)] + L_y^2[p(i,j,k)] + L_z^2[p(i,j,k)]\} \tag{2-2}$$

式中，

$$\begin{cases} L_x^2[p(i,j,k)] = \sum_{l=-N}^{N}\left[\frac{a_l}{\Delta x^2}p(i+l,j,k)\right] \\[2mm] L_y^2[p(i,j,k)] = \sum_{l=-N}^{N}\left[\frac{a_l}{\Delta y^2}p(i,j+l,k)\right] \\[2mm] L_z^2[p(i,j,k)] = \sum_{l=-N}^{N}\left[\frac{a_l}{\Delta z^2}p(i,j,k+l)\right] \end{cases} \tag{2-3}$$

其中，

$$a_l = \frac{(-1)^{l+1}}{l^2}\frac{(-1)^{l+1}\prod\limits_{i=1,i\neq l}^{N}i^2}{\prod\limits_{i=1}^{l-1}(l^2-i^2)\prod\limits_{i=l+1}^{N}(i^2-l^2)}, l=1,2,\cdots,N \tag{2-4}$$

且 $a_l = a_{-l}, a_0 = -2\sum_{l=1}^{N} a_l$。

在波数域中,式(2-2)表示为:

$$\frac{\partial^2 \hat{p}}{\partial t^2} = -v^2(k_x^2 + k_y^2 + k_z^2)\,\hat{p} \tag{2-5}$$

将式(2-5)中时间导数用二阶中心差分近似,化简可得:

$$\hat{p}^{n+1} = [2 - \Delta t^2 v^2(k_x^2 + k_y^2 + k_z^2)]\,\hat{p}^n - \hat{p}^{n-1} \tag{2-6}$$

取 $a = \Delta t^2 v^2(k_x^2 + k_y^2 + k_z^2)$,则由式(2-6)可得:

$$\begin{bmatrix} \hat{p}^{n+1} \\ \hat{p}^n \end{bmatrix} = \begin{bmatrix} 2-a & -1 \\ 1 & 0 \end{bmatrix} \begin{bmatrix} \hat{p}^n \\ \hat{p}^{n-1} \end{bmatrix} \tag{2-7}$$

显然,方程(2-7)稳定性条件是状态传递矩阵的特征值小于1。令

$$\boldsymbol{A} = \begin{bmatrix} 2-a & -1 \\ 1 & 0 \end{bmatrix} \tag{2-8}$$

由 $|\boldsymbol{A} - \lambda\boldsymbol{I}| = 0$,可解得

$$(\lambda - 1)^2 + \lambda a = 0 \tag{2-9}$$

由 $(\lambda - 1)^2 \geqslant -4\lambda$,则式(2-9)可化为 $a \leqslant 4$。

即

$$\Delta t^2 v^2(k_x^2 + k_y^2 + k_z^2) \leqslant 4 \tag{2-10}$$

在波数域,由式(2-3)可得

$$k_x = \frac{\zeta}{\Delta x}, k_y = \frac{\eta}{\Delta y}, k_z = \frac{\xi}{\Delta z} \tag{2-11}$$

式中,

$$\zeta = a_0 + 2\sum_{l=1}^{N}[a_1 \cos(l\Delta x k_x)], \eta = a_0 + 2\sum_{l=1}^{N}[a_1 \cos(l\Delta y k_y)],$$

$$\xi = a_0 + 2\sum_{l=1}^{N}[a_1 \cos(l\Delta z k_z)]$$

又由于:

$(k_x^2)\dfrac{4}{\Delta x^2}\sum_{l=1}^{N_1} a_{2l-1_{\max}}$,$(k_y^2)\dfrac{4}{\Delta y^2}\sum_{l=1}^{N_1} a_{2l-1_{\max}}$,$(k_z^2)\dfrac{4}{\Delta z^2}\sum_{l=1}^{N_1} a_{2l-1_{\max}}$,可得三维声

波方程规则网格的高阶有限差分格式稳定性条件为:

$$\Delta tv \sqrt{\frac{1}{\Delta x^2} + \frac{1}{\Delta y^2} + \frac{1}{\Delta z^2}} \leqslant \left(\frac{1}{\sum_{i=1}^{N_1} x_i^2}\right)^{\frac{1}{2}} \tag{2-12}$$

式中,N_1 为不超过 N 的最大奇数,v 为介质的纵波速度。

非均匀各向同性介质中三维声波方程的一阶压力-速度方程形成可表示为:

$$\frac{\partial p}{\partial t} = -K\left(\frac{\partial v_x}{\partial x} + \frac{\partial v_y}{\partial y} + \frac{\partial v_z}{\partial z}\right) \tag{2-13}$$

$$\frac{\partial v_x}{\partial t} = -\frac{1}{p}\frac{\partial p}{\partial x}$$

$$\frac{\partial v_y}{\partial t} = -\frac{1}{p}\frac{\partial p}{\partial y}$$

$$\frac{\partial v_z}{\partial t} = -\frac{1}{p}\frac{\partial p}{\partial z} \tag{2-14}$$

式(2-13)和式(2-14)可表示为一阶双曲型标量方程,即:

$$\frac{\partial \boldsymbol{Q}}{\partial t} = \boldsymbol{A}_1 \frac{\partial \boldsymbol{Q}}{\partial x} + \boldsymbol{A}_2 \frac{\partial \boldsymbol{Q}}{\partial y} + \boldsymbol{A}_3 \frac{\partial \boldsymbol{Q}}{\partial z} \tag{2-15}$$

式中,$\boldsymbol{Q}$ 为地震波场向量 (p, v_x, v_y, v_z),其中,

$$\boldsymbol{A}_1 = \begin{bmatrix} 0 & K & 0 & 0 \\ \rho^{-1} & 0 & 0 & 0 \\ 0 & 0 & 0 & 0 \\ 0 & 0 & 0 & 0 \end{bmatrix}, \boldsymbol{A}_2 = \begin{bmatrix} 0 & 0 & K & 0 \\ 0 & 0 & 0 & 0 \\ \rho^{-1} & 0 & 0 & 0 \\ 0 & 0 & 0 & 0 \end{bmatrix}, \boldsymbol{A}_3 = \begin{bmatrix} 0 & 0 & 0 & K \\ 0 & 0 & 0 & 0 \\ 0 & 0 & 0 & 0 \\ \rho^{-1} & 0 & 0 & 0 \end{bmatrix}$$

$$\tag{2-16}$$

式中,弹性模量 $K = \rho v^2$,v 表示介质的纵波速度,ρ 表示介质的密度。

2.2　三维各向同性介质弹性波方程数值模拟基础

各向同性介质中的位移-应变关系可表示为:

$$e_{xx} = \frac{\partial u_x}{\partial x}, e_{yy} = \frac{\partial u_y}{\partial y}, e_{zz} = \frac{\partial u_z}{\partial z}$$

$$L_z = \frac{\partial}{\partial z}\rho, \ e_{xz} = \frac{\partial u_z}{\partial x} + \frac{\partial u_x}{\partial z}, \ e_{xy} = \frac{\partial u_y}{\partial x} + \frac{\partial u_x}{\partial y} \tag{2-17}$$

式中,u_x、u_y、u_z 表示位移的 x、y、z 分量,e_{xx}、e_{yy}、e_{zz} 表示正应变,e_{yz}、e_{xz}、e_{xy} 表示切应变。其中切应变简写形式为:

$$e_{ij} = (\frac{\partial u_i}{\partial x_j} + \frac{\partial u_j}{\partial x_i}) , i,j = x,y,z , i \neq j \tag{2-18}$$

各向同性介质中的应力-应变关系可表示为:

$$\begin{bmatrix} \sigma_{xx} \\ \sigma_{yy} \\ \sigma_{zz} \\ \sigma_{yz} \\ \sigma_{xz} \\ \sigma_{xy} \end{bmatrix} = \begin{bmatrix} C_{11} & C_{12} & C_{12} & 0 & 0 & 0 \\ C_{12} & C_{22} & C_{23} & 0 & 0 & 0 \\ C_{13} & C_{23} & C_{33} & 0 & 0 & 0 \\ 0 & 0 & 0 & C_{44} & 0 & 0 \\ 0 & 0 & 0 & 0 & C_{44} & 0 \\ 0 & 0 & 0 & 0 & 0 & C_{44} \end{bmatrix} \begin{bmatrix} e_{xx} \\ e_{yy} \\ e_{zz} \\ e_{yz} \\ e_{xz} \\ e_{xy} \end{bmatrix} \tag{2-19}$$

式中,$C_{11} = \lambda + 2\mu$,$C_{12} = \lambda$,$C_{44} = \mu$,λ、μ 表示 Lame 弹性常数,σ_{xx}、σ_{yy}、σ_{zz} 表示正应力,σ_{yz}、σ_{xz}、σ_{xy} 表示切应力。式(2-19)的简写形式为:

$$\sigma_{kl} = C_{ijkl} e_{ij} , i,j,k,l = x,y,z \tag{2-20}$$

各向同性介质中应力与位移的关系:设位移向量 $\boldsymbol{u} = (u_x, u_y, u_z)^{\mathrm{T}}$,外力向量为 $\boldsymbol{f} = (f_x, f_y, f_z)^{\mathrm{T}}$。$L_x = \frac{\partial}{\partial x}$,$L_y = \frac{\partial}{\partial y}$,$L_z = \frac{\partial}{\partial z}$,各向同性介质中位移与应力的关系可表示为:

$$\rho \frac{\partial^2}{\partial t^2} \begin{bmatrix} u_x \\ u_y \\ u_z \end{bmatrix} = \begin{bmatrix} L_x & 0 & 0 & 0 & L_z & L_y \\ 0 & L_y & 0 & L_z & 0 & L_x \\ 0 & 0 & L_z & L_y & L_x & 0 \end{bmatrix} \begin{bmatrix} \sigma_{xx} \\ \sigma_{yy} \\ \sigma_{zz} \\ \sigma_{yz} \\ \sigma_{xz} \\ \sigma_{xy} \end{bmatrix} + \rho \begin{bmatrix} f_x \\ f_y \\ f_z \end{bmatrix} \tag{2-21}$$

式中,ρ 表示密度。

2.3 全空间极小偏移孔径条件下绕射点收敛成像方法

受到全空间极小偏移孔径的限制,煤巷超前成像条件苛刻,传统成像方法难以实现断点成像。本文通过对每个检波器接收到的绕射波进行基于希尔伯特变换复协方差矩阵极化分析,可获得每个采样点的主极化方向及极化特征参数,即优势极化偏振方位角与优势极化偏振倾角,因此,可以恢复绕射波的空间矢量特征,将断点绕射波时窗内计算出来的所有极化角度作为有效角度,对所有收到绕射信号的检波器采用统计学的方法,进行整体性分析,即可对绕射点进行成像。

2.3.1 希尔伯特变换基本理论

复数域信号分析方法可用于多波多分量地震勘探分析。对实数域地震信号做希尔伯特变换之后,可以定义由实数域地震信号为实部、希尔伯特变换结果为虚部构成复数域多波多分量地震道。

希尔伯特变换把一个实数域信号表示成一个复数域信号(解析信号),对地震信号进行希尔伯特变换后为研究实数域信号的振幅、相位和瞬时频率提供了多组参数。它既可以剔除地震资料噪声,也可以利用它提取多波多分量地震勘探数据的优势极化特征参数。

(1)希尔伯特变换

设 $X(t)$ 是实信号,则 $X(t)$ 的希尔伯特变换记作 $Y(t)$ 或 $H[X(t)]$,并定义为:

$$Y(t) = H[X(t)] = \frac{1}{\pi}\int_{-\infty}^{\infty}\frac{X(\tau)}{t-\tau}d\tau \tag{2-22}$$

逆变换:

$$X(t) = H^{-1}[Y(t)] = -\frac{1}{\pi}\int_{-\infty}^{\infty}\frac{Y(t)}{t-\tau}d\tau \tag{2-23}$$

① 希尔伯特正变换用褶积形式表示为:

$$Y(t) = X(t) * h(t) \tag{2-24}$$

频率域表达式为:

$$Y(\omega) = X(\omega)\,h(\omega) \tag{2-25}$$

其中,$h(t)$ 表示希尔伯特变换因子。

其时间域表达式为:

$$h(t) = \frac{1}{\pi t} \tag{2-26}$$

频率域表达式为:

$$h(\omega) = \begin{cases} -\mathrm{j}, \omega > 0 \\ \mathrm{j}, \omega < 0 \end{cases} \tag{2-27}$$

② 希尔伯特逆变换用褶积形式表示为:

$$X(t) = -Y(t) * h(t) \tag{2-28}$$

其频率域表达式为:

$$X(\omega) = -h(\omega)Y(\omega) \tag{2-29}$$

从上面的表达式可以看出,若 $X(t)$ 的希尔伯特变换为 $Y(t)$,则 $Y(t)$ 的希尔伯特逆变换为－$X(t)$。希尔伯特变换器是以 1 为幅频响性的全通滤波器。信号 $X(t)$ 通过希尔伯特变换器处理后，其正频成分做负 90°相移，而负频成分做正 90°相移。其幅频、相频响性特征如图 2-1 所示。

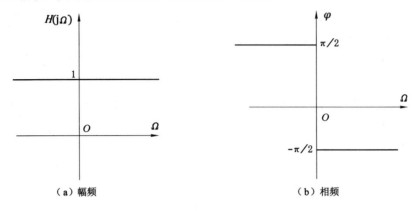

（a）幅频　　　　　　　　　　（b）相频

图 2-1　希尔伯特变换幅频、相频特性图

（2）解析信号及其参数的定义

我们可以通过希尔伯特变换构建实数域信号 $X(t)$ 的解析信号：

$$f(t) = X(t) + jY(t) = X(t) + jX(t) * h(t) \tag{2-30}$$

则解析信号 $f(t)$ 的傅立叶变换为：

$$f(\omega) = X(\omega) + jY(\omega) = X(\omega) + jX(\omega)h(\omega)$$
$$= X(\omega)[1 + jh(\omega)] = X(\omega)H(\omega) \tag{2-31}$$

因此，

$$H(\omega) = \begin{cases} 2, \omega > 0 \\ 0, \omega < 0 \end{cases} \tag{2-32}$$

设 $f(t)$ 的振幅为 $A(t)$，相位为 $\theta(t)$，则：

$$X(t) = A(t)\cos\theta(t) \tag{2-33}$$

$$Y(t) = A(t)\sin\theta(t) \tag{2-34}$$

因此，$f(t)$ 还可以写成：

$$f(t) = A(t)e^{j\theta(t)} \tag{2-35}$$

$$A(t) = \sqrt{X^2(t) + Y^2(t)} \tag{2-36}$$

$$\theta(t) = \arctan[Y(t)/X(t)] \tag{2-37}$$

则瞬时频率 $\omega(t)$ 可以定义为：

$$\omega(t) = \frac{\mathrm{d}\theta(t)}{\mathrm{d}t} \tag{2-38}$$

一般情况下,可以用解析信号的相位 $\theta(t)$、振幅 $A(t)$、瞬时频率 $\omega(t)$ 等参数描述形如 $X(t) = A(t)\sin\theta(t)$ 或者 $X(t) = \sum[A_i(t)\theta_i(t)]$ 的地震反射波,这些参数可以较准确地描述出地震波受前方地质异常体的影响。

2.3.2　基于希尔伯特变换复协方差矩阵极化分析方法

希尔伯特变换极化分析法是以希尔伯特变换为基础构造复协方差矩阵,进而求取优势极化参数的一种复数域极化分析方法。

(1) 希尔伯特变换极化分析步骤

希尔伯特变换极化分析的实现步骤如下:

① 复地震道分析

假设三分量地震信号具有如下离散时间序列形式:

$$X(t) = (x(t), y(t), z(t)), t = 0, 1, 2, \cdots, N-1 \tag{2-39}$$

式中,$z(t)$ 为垂直分量记录,$x(t)$ 和 $y(t)$ 为两个水平分量记录,$x(t)$ 为径向即沿测线方向分量,$y(t)$ 为切向分量,N 为样点总数。

首先对三分量地震信号做希尔伯特变换处理,求取解析信号,即:

$$X(t) = (hx(t), hy(t), hz(t)), t = 0, 1, 2, \cdots, N-1 \tag{2-40}$$

其中:

$$hx(t) = x(t) + j\ddot{U}(x(t))$$
$$hy(t) = y(t) + j\ddot{U}(y(t))$$
$$hz(t) = z(t) + j\ddot{U}(z(t))$$

符号 $\ddot{U}$ 表示希尔伯特变换,其中 $j = \sqrt{-1}$。

② 复协方差矩阵的构造

以三分量地震信号的复地震道分析结果为基础,构造以下复协方差矩阵:

$$C(t) = M^*(t)M(t) \tag{2-41}$$

其中,

$$M(t) = |\ hx(t)\quad hy(t)\quad hz(t)\ | \tag{2-42}$$
$$M^*(t) = |\ h'y(t)\ | \tag{2-43}$$
$$C(t) = |\ h'x(t)hx(t)\quad h'y(t)hy(t)\quad h'z(t)hz(t)\ | \tag{2-44}$$

式(2-44)中,

$$h'x(t) = x(t) - j\ddot{U}(x(t))$$

$$h'y(t) = y(t) - \mathrm{j}\ddot{\mathrm{U}}(y(t))$$

$$h'z(t) = z(t) - \mathrm{j}\ddot{\mathrm{U}}(z(t))$$

符号 * 表示矩阵的复共轭转置,符号 ′ 表示矩阵的复共轭。

协方差矩阵 $C(t)$ 存在如下特征方程:

$$\begin{bmatrix} \boldsymbol{V}_i^x(t) \\ \boldsymbol{V}_i^y(t) \\ \boldsymbol{V}_i^z(t) \end{bmatrix} [\boldsymbol{C}(t) - \lambda_i(t)\boldsymbol{I}] = 0 \quad i = 1,2,3 \tag{2-45}$$

式中,$\lambda_i(t)$ 为第 i 个特征值,$\boldsymbol{I}$ 为单位矩阵,$(\boldsymbol{V}_i^x(t), \boldsymbol{V}_i^y(t), \boldsymbol{V}_i^z(t))$ 为第 i 个特征值 $\lambda_i(t)$ 所对应的特征向量。

(2) 特征极化参数的求取及其物理意义

假设 $\lambda_1(t) \geqslant \lambda_2(t) \geqslant \lambda_3(t)$,因为协方差矩阵 $C(t)$ 为 Hamitian 矩阵,所以特征值 $\lambda_i(t)$ 应该为非负实数,并且与其对应的三个特征向量一般为复向量。最大特征值 $\lambda_1(t)$ 对应的特征向量 $(\boldsymbol{V}_1^x(t), \boldsymbol{V}_1^y(t), \boldsymbol{V}_1^z(t))$ 必然在空间数据点最大主能量方向上。为分析的简单化,首先将特征向量 $(\boldsymbol{V}_1^x(t), \boldsymbol{V}_1^y(t), \boldsymbol{V}_1^z(t))$ 归一化为 $(x_1(t), y_1(t), z_1(t))$,然后求解以下极化特征参数:

① 优势极化偏振方位角:

$$\theta(t) = \arctan \frac{Re(y_1(t))}{Re(x_1(t))} \tag{2-46}$$

式中,$-90° \leqslant \theta(t) \leqslant 90°$,表示极化主轴在 XOZ 面的投影与 X 轴的夹角,当投影偏上倾方向时 $\theta(t) > 0°$,偏下倾方向时 $\theta(t) < 0°$。

② 优势极化偏振倾角:

$$\varphi(t) = \arctan \frac{Re(z_1(t))}{[(Rex_1(t))^2 + (Rey_1(t))^2]^{1/2}} \tag{2-47}$$

式中,$-90° \leqslant \varphi(t) \leqslant 90°$,优势极化偏振倾角表示极化主轴与 XOY 面的夹角,当极化主轴偏向 Z 轴正方向时 $\varphi(t) > 0°$,偏向 Z 轴负方向时 $\varphi(t) < 0°$。

2.3.3 希尔伯特极化偏移

(1) 基于希尔伯特变换复协方差矩阵极化成像原理

通过对每个检波器接收到的绕射波进行希尔伯特极化分析,可以得到绕射波的空间矢量特征,根据不同检波器绕射波信号的矢量特征便可对绕射波进行成像。

设检波器 R 的空间坐标为 (x_R, y_R, z_R),根据极化分析可以计算出绕射波的方向向量为$(\boldsymbol{m},\boldsymbol{n},\boldsymbol{p})$。根据检波器的空间位置及射线的方向向量可推导出矢量所在直线的参数方程(t 表示参数)：

$$\begin{cases} \boldsymbol{x} = x_R + \boldsymbol{m}t \\ \boldsymbol{y} = y_R + \boldsymbol{n}t \\ \boldsymbol{z} = z_R + \boldsymbol{p}t \end{cases} \tag{2-48}$$

对观测系统中的每一道信号做极化分析可以得到绕射波空间位置与空间方向特征，则绕射点的空间位置可以由不在同一检波器上的两条射线计算：

$$\begin{cases} x_1 + m_1 t_1 = x_2 + m_2 t_2 \\ y_1 + n_1 t_1 = y_2 + n_2 t_2 \\ z_1 + p_1 t_1 = z_2 + p_2 t_2 \end{cases} \tag{2-49}$$

用以下矩阵形式表示：

$$\boldsymbol{VT} = \boldsymbol{P} \tag{2-50}$$

其中：

$$\boldsymbol{V} = \begin{bmatrix} m_1 & , -m_2 \\ n_1 & , -n_2 \\ p_1 & , -p_2 \end{bmatrix}, \boldsymbol{T} = \begin{bmatrix} t_1 \\ t_2 \end{bmatrix}, \boldsymbol{P} = \begin{bmatrix} x_2 - x_1 \\ y_2 - y_1 \\ z_2 - z_1 \end{bmatrix} \tag{2-51}$$

如果极化方向足够精确，可以通过两条射线确定出绕射点的空间位置，实际记录由于噪声干扰和极化方法误差的影响，空间中每条射线不能完全相交，因此希望目标函数的解：

$$J = \| \boldsymbol{T} - \boldsymbol{V}^{-1} \boldsymbol{P} \|^2 \tag{2-52}$$

达到最小，这个问题可以由最小二乘法求解，即：

$$T = (\boldsymbol{V}^\mathrm{T} \boldsymbol{V})^{-1} \boldsymbol{V}^\mathrm{T} \boldsymbol{P} \tag{2-53}$$

实际应用中需要限定解的残差 r 的大小来调节解的精度范围。

通过上述方法可以求解出空间中可能的绕射点分布，此时，需要定量描述绕射点的空间分布特征；将空间网格化，通过统计网格点中点的密度，得出绕射点的空间分布特征。

（2）基于希尔伯特变换复协方差矩阵极化处理系统

以希尔伯特变换复协方差矩阵极化分析技术为基础，基于 Visual C++.net 平台开发完成 HTPsFilter 矿井巷道多波多分量地震数据处理系统，该系统提供了丰富的地震信号预处理、极化分析、极化成像、数据导出及动态显示效果，是一款自主设计开发的具有实际应用价值的地震数据处理软件，图 2-2 为软件部分模块界面。该软件主要包含四大模块，介绍如下：

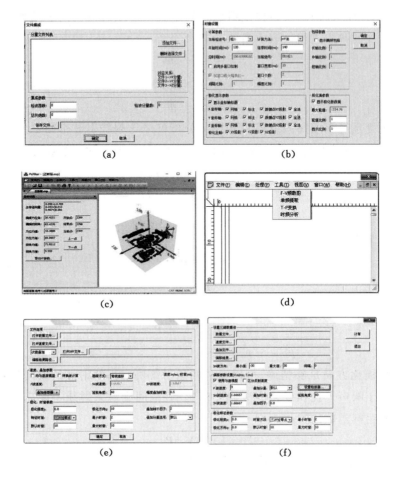

图 2-2　HTPsFilter 软件部分模块界面

① 数据输入模块

本模块可实现三分量地震勘探数据的输入,支持 QFX/SEGY 格式数据或其他格式数据转换为 QFX/SEGY 格式输入。

② 极化分析模块

本模块根据多分量地震信号,绘制质点极化轨迹图,可在三维空间动态显示极化矢端曲线图;基于求解构建的复协方差矩阵,可动态显示指定周期内三维极化方向,并且可以选择任意采样点的极化主轴在三维空间的显示。

③ 数据导出分析模块

本模块可导出所选时窗的各个采样点对应的优势极化偏振方位角与优势

极化偏振倾角，挑选出能代表该周期内的极化主轴的极化参数，以该优势极化参数在空间表达出所需时间段的极化主轴的位置，进而进行分析验证。

④ 空间绕射点极化成像模块

本模块可根据所有检波器所选时窗的各个采样点对应的优势极化偏振方位角与优势极化偏振倾角，对绕射点进行统计成像。

2.4　本章小结

（1）在弹性波方程数值模拟方面，介绍了各向同性介质中的位移-应变关系、各向同性介质中的应力-应变关系及各向同性介质中应力与位移的关系的表达式。

（2）以希尔伯特变换理论为基础，介绍了基于希尔伯特变换复协方差矩阵极化分析方法，并给出了希尔伯特变换极化分析的实现步骤；列举了相关极化特征参数，如优势极化偏振方位角和优势极化偏振倾角求解方法。

（3）推导了根据极化特征参数对断点进行成像的方法；基于 Visual C++. net平台开发完成 HTPsFilter 矿井巷道多波多分量地震数据处理系统，并列举了此系统软件主要的四大模块界面。

3 煤层全空间弹性波场模拟及极化特征分析

为了研究全空间条件希尔伯特极化方法对断层定位的适用条件,研究过程采用由简到繁的研究思路。首先对全空间条件下正、逆断层模型进行数值模拟,然后分析地震波的波场特征和极化特征,最后通过分析对比模型参数、波场特征及极化分析的结论得出希尔伯特极化分析的适用条件。

3.1 正断层

3.1.1 模型及观测系统参数

根据实验目的,设计了如图 3-1 所示的正演模型,模型在 X、Y、Z 方向的大

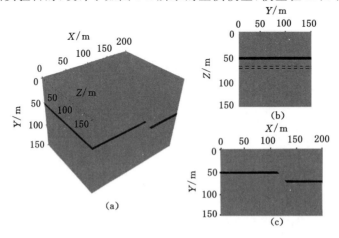

图 3-1 实验模型三维图

小分别为 200 m、150 m、150 m，Z 方向中间为煤层，煤厚 5 m，煤层顶底板岩性相同，在沿 X 方向 115 m 处设置一倾角为 45°的正断层，断层面与 Y 轴平行，断距为 20 m。各岩层的弹性参数见表 3-1。对模型在 X、Y、Z 方向上进行网格化，网格大小为 $\Delta X = \Delta Y = \Delta Z = 0.3$ m。

表 3-1　实验模型岩层弹性参数

介质	纵波速度/(m/s)	横波速度/(m/s)	密度/(kg/m³)
围岩	3 000	1 730	2 200
煤层	2 200	1 270	1 200

为详细研究煤层中断层构造对地震波传播和极化特征的影响，本次数值模拟过程中布置 3 个震源和 4 条检波线。震源分别为顶板激发（90 m，75 m，48 m）、煤层激发（90 m，75 m，52.5 m）和底板激发（90 m，75 m，57 m），震源深度为 2 m。检波线分别为顶板接收（红色测线）、底板接收（蓝色测线）、煤层左帮接收（黑色测线）和迎头沿倾向接收（绿色测线）。每条检波线利用 121 道三分量检波器同时接收，其中：X 方向平行测线方向，即指向断层方向；Y 方向垂直于测线方向，即垂直于煤壁方向；Z 方向为垂直方向，即指向底板方向；道间距为 1 m，接收孔深为 2 m。观测系统的布置如图 3-2 所示。

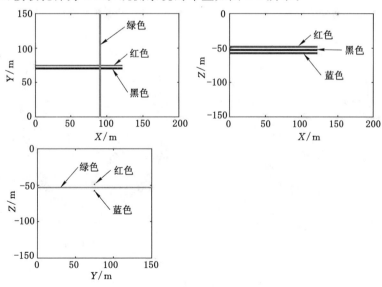

图 3-2　实验观测系统布置图

模拟采用主频为 250 Hz 的零相位雷克子波爆炸震源,采样时间 $\Delta t = 0.05$ ms。模型边界采用 PML 吸收边界。

3.1.2 三分量地震波场空间传播特征

为分析地震波在煤层空间中的传播特征,选取底板激发震源的不同时刻的波场快照进行剖面截取。图 3-3 为底板激发的不同时刻的地震波场中 X、Y、Z 三个分量的三维波场快照在 $Y = 75$ m 处的切片图。

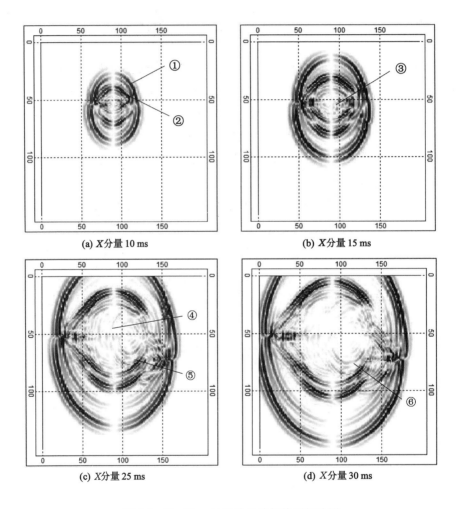

(a) X分量 10 ms

(b) X分量 15 ms

(c) X分量 25 ms

(d) X分量 30 ms

图 3-3 $Y = 75$ m 处三分量波场快照切片图

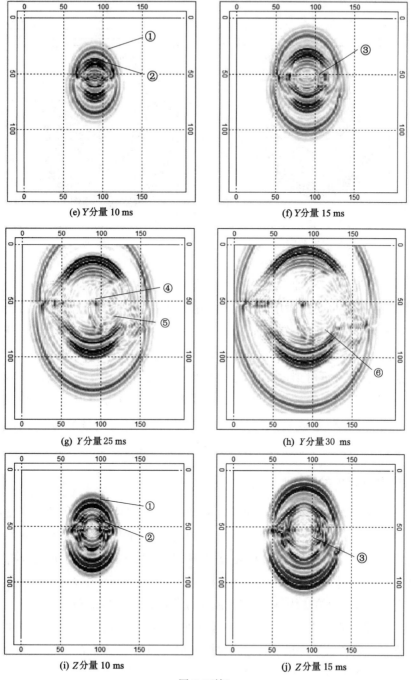

(e) Y分量 10 ms

(f) Y分量 15 ms

(g) Y分量 25 ms

(h) Y分量 30 ms

(i) Z分量 10 ms

(j) Z分量 15 ms

图 3-3（续）

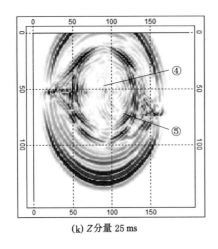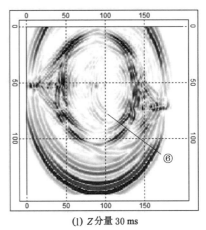

(k) Z 分量 25 ms　　　　　　　　(l) Z 分量 30 ms

图 3-3(续)

从三分量波场快照切片图中可以看出：在 10 ms 时刻，震源发出球面子波向四周传播，产生①直达 P 波和②直达 S 波；在 15 ms 时刻，震源产生的球面子波在扩散过程中遇到断层本盘的断棱，产生③绕射 P 波和④反射槽波，到达检波器排列；在 25 ms 时刻，震源产生的球面子波在扩散过程中遇到断层对盘的断棱，并产生⑤绕射 P 波和⑥绕射 S 波向四周扩散，部分绕射波到达检波器排列；在 30 ms 时刻，波场逐渐复杂，空间中不仅存在来自本盘和对盘的绕射波，还存在各种横波、转换波和反射槽波，各种波相互叠加，波场逐渐无法区分。

3.1.3　极化特征分析

从三分量地震波场分析中可知，由于矿井条件的复杂性，不同断盘的横波与槽波相互影响，对极化分析造成很大的干扰，而不同断盘的纵波的极化特征明显且易与其他波形相互区分，因此选择绕射纵波作为极化分析的特征波。

图 3-4 为不同检波线第 86 道检波器接收的绕射波传播路径图。从图中可以分析出：震源激发的直达 P 波经对盘的断棱绕射后到达第 86 道检波器。经过计算可得到底板检波器接收的绕射波方向与测线 X 方向的理论夹角为 18°，煤层检波器接收的绕射波方向与测线 X 方向的理论夹角为 24°，顶板检波器接收的绕射波方向与测线 X 方向的理论夹角为 29°。

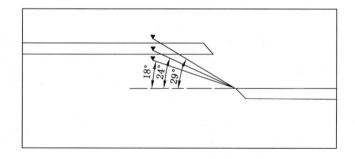

图 3-4　第 86 道检波器接收的绕射波传播路径图

图 3-5 为正断层顶板激发不同位置接收地震记录图,从波场快照显示的波的运动学、动力学特点,可以识别波场中存在初至波、绕射波,具体为:①直达纵波、②直达横波、③本盘绕射纵波、④反射槽波、⑤对盘绕射纵波、⑥对盘绕射横波、⑦煤层边界反射波。图中两盘的绕射横波和反射槽波由于波列较宽而相互叠加,无明显的区分界线,震源位置处的检波器接收到的起始信号能量太强使得下面的信号能量被压制而显示很小的值。由于本盘断棱的绕射波比对盘断棱的绕射波先到达检波器排列,对盘断棱的绕射波在到达检波器排列时与其他波形叠加,因此无法直接提取到明显的有效绕射波信号。

为了进一步分析绕射波的质点极化特征,将 X、Y、Z 三分量检波器采集的地震信号合成三分量信号(X,Y,Z),对该三分量信号数据采用基于希尔伯特变换复协方差矩阵极化分析方法进行处理,可获得每个采样点的主极化方向及极化特征参数,即优势极化偏振方位角与优势极化偏振倾角。主极化方向则代表地震波场质点振动主能量方向。通过波场分析确定第 86 道检波器接收到对盘断棱绕射波的大致时间段,对此时间段内振幅逐点进行分析,使优势极化偏振方位角在所选定的时间段内最稳定可靠。

图 3-6 为正断层顶板激发不同检波器排列接收的地震信号在对盘断点绕射波有效时间段内 60 个采样点极化主轴对应的极化特征参数形成的极化参数拟合曲线,其中横坐标代表采样点数,纵坐标代表角度。通过分析地震信号极化主轴(质点振动方向)和测线方向的夹角与射线方向和测线方向夹角的相关关系,说明基于希尔伯特复协方差矩阵极化分析在精细探测断层构造方面的可行性。

对比分析图 3-6 中的各条曲线可知:

① 对于顶板接收到的地震信号,极化分析计算得到的偏振倾角曲线在有效

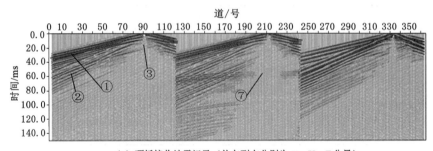

（a）顶板接收地震记录（从左到右分别为 X、Y、Z 分量）

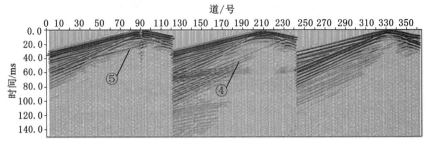

（b）底板接收地震记录（从左到右分别为 X、Y、Z 分量）

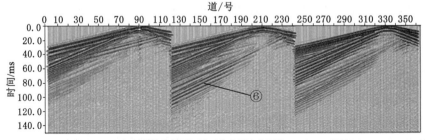

（c）侧帮接收地震记录（从左到右分别为 X、Y、Z 分量）

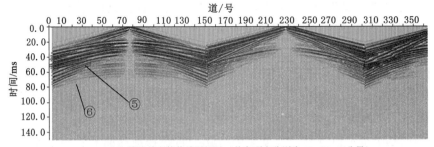

（d）迎头前方接收地震记录（从左到右分别为 X、Y、Z 分量）

图 3-5　正断层顶板激发不同位置接收地震记录图

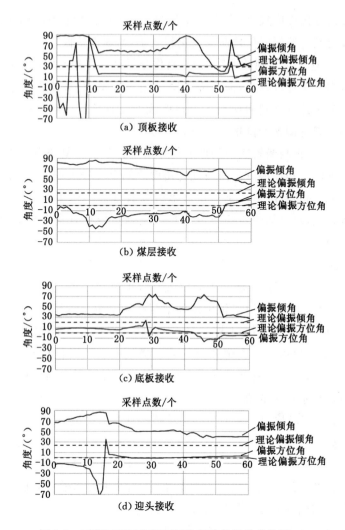

图 3-6　正断层顶板激发不同位置接收极化参数图

波时间段内变化程度大,且总体上大于理论偏振倾角。极化分析计算得到的偏振方位角曲线在前段围绕理论偏振方位角剧烈波动,后段偏振方位角曲线变化较为平稳,总体与理论偏振方位角存在较大误差。

② 对于煤层接收到的地震信号,极化分析计算得到的偏振倾角曲线在有效波时间段内变化程度较小,呈下降趋势,且总体上大于理论偏振倾角。极化分析计算得到的偏振方位角曲线变化程度大,与理论偏振方位角存在较大误差。

③ 对于底板接收到的地震信号,极化分析计算得到的偏振倾角曲线在有效

波时间段内变化程度较大,存在多个波峰,且总体上大于理论偏振倾角。极化分析计算得到的偏振方位角曲线变化程度小,与理论偏振方位角偏差较小。

④ 对于迎头接收到的地震信号,极化分析计算得到的偏振倾角曲线在有效波时间段内变化程度较小,曲线先下降后趋于平稳,且整体上大于理论偏振倾角。极化分析计算得到的偏振方位角曲线变化程度小,存在一个突变点,整体上近似等于理论偏振方位角。

总体来说,顶板激发震源的地震信号通过希尔伯特复协方差矩阵极化分析得到的偏振倾角和偏振方位角与理论角度之间存在较大误差,其主要原因有两个:一是对盘的断点绕射波到达检波器时与其他波形产生混叠,使得极化分析受到干扰;二是对盘的断点绕射波穿过煤层到达顶板时发生折射,使得极化分析计算的角度与理论角度不符。因此针对正断层模型,通过顶板激发所得到的地震信号无法通过极化分析确定对盘的位置。

图 3-7 为正断层煤层激发不同位置接收地震记录图,从波场快照显示的波的运动学、动力学特点,可以识别波场中存在初至波、绕射波,具体为:①直达纵波、②直达横波、③本盘绕射纵波、④反射槽波、⑤对盘绕射纵波、⑥对盘绕射横波、⑦煤层边界反射波。图中两盘的绕射横波由于波列较宽而相互叠加,无明显的区分界线,震源位置处检波器接收到起始信号能量太强使得下面的信号能量被压制而显示很小的值。

图 3-8 为正断层煤层激发不同检波器排列接收的地震信号在对盘断点绕射波有效时间段内 60 个采样点极化主轴对应的极化特征参数形成的极化参数拟合曲线。通过分析研究地震信号极化主轴(质点振动方向)和测线方向的夹角与射线方向和测线方向夹角的相关关系,说明基于希尔伯特复协方差矩阵极化分析方法在精细探测断层构造方面的可行性。

对比分析图 3-8 中的各条曲线可知:

① 对于顶板接收到的地震信号,极化分析计算得到的偏振倾角曲线在有效波时间段内变化程度较大,曲线变化趋势为先平稳后上升,且总体上大于理论偏振倾角。极化分析计算得到的偏振方位角曲线变化程度小,整体上近似等于理论偏振方位角。

② 对于煤层接收到的地震信号,极化分析计算得到的偏振倾角曲线在有效波时间段内变化程度较大,曲线变化趋势为先下降后趋于平稳再上升,且总体上大于理论偏振倾角。极化分析计算得到的偏振方位角曲线变化程度小,与理论偏振方位角偏差大。

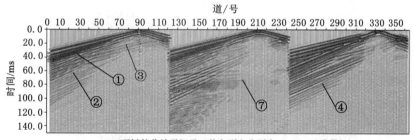

（a）顶板接收地震记录（从左到右分别为 X、Y、Z 分量）

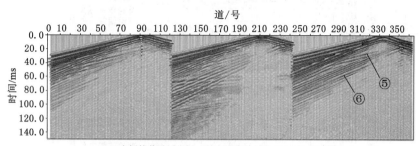

（b）底板接收地震记录（从左到右分别为 X、Y、Z 分量）

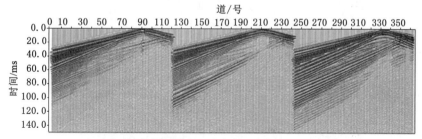

（c）侧帮接收地震记录（从左到右分别为 X、Y、Z 分量）

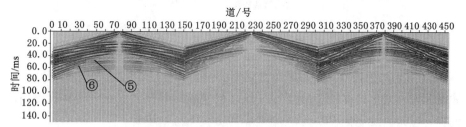

（d）迎头前方接收地震记录（从左到右分别为 X、Y、Z 分量）

图 3-7　正断层煤层激发不同位置接收地震记录图

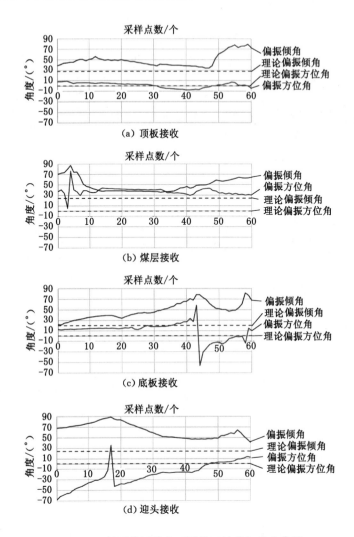

图 3-8　正断层煤层激发不同位置接收极化参数图

③ 对于底板接收到的地震信号,极化分析计算得到的偏振倾角曲线在有效波时间段内变化程度较大,且总体上大于理论偏振倾角。极化分析计算得到的偏振方位角曲线变化程度大,与理论偏振方位角偏差较大。

④ 对于迎头接收到的地震信号,极化分析计算得到的偏振倾角曲线在有效波时间段内变化程度较大,曲线先下降后趋于平稳,且整体上大于理论偏振倾角。极化分析计算得到的偏振方位角曲线变化程度大,曲线呈上升趋势,与理论偏振方位角偏差大。

总体来说,煤层激发震源的地震信号通过希尔伯特复协方差矩阵极化分析得到的偏振倾角和偏振方位角与理论角度之间存在较大误差,其主要原因与顶板激发震源类似:一是对盘的断点绕射波到达检波器时与其他波形产生混叠,使得极化分析受到干扰;二是对盘的断点绕射波穿过煤层到达顶板时发生折射,使得极化分析计算的角度与理论角度不符。因此针对正断层模型,煤层激发震源所得到的信号无法通过极化分析确定对盘的位置。

图 3-9 为正断层底板激发不同位置接收地震记录图,从波场快照显示的波的运动学、动力学特点,可以识别波场中存在初至波、绕射波,具体为:①直达纵波、②直达横波、③本盘绕射纵波、④反射槽波、⑤对盘绕射纵波、⑥对盘绕射横波、⑦煤层边界反射波。图中两盘的绕射横波和反射槽波由于波列较宽而相互叠加,无明显的区分界线,震源位置处的检波器接收到起始信号能量太强使得下面的信号能量被压制而显示很小的值。

图 3-10 为正断层底板激发不同检波器排列接收的地震信号在对盘断点绕射波有效时间段内 60 个采样点极化主轴对应的极化特征参数形成的极化参数拟合曲线。通过分析研究地震信号极化主轴(质点振动方向)和测线方向的夹角与射线方向和测线方向夹角的相关关系,说明基于希尔伯特复协方差矩阵极化分析方法在精细探测断层构造上的可行性。

对比分析图 3-10 中的各条曲线可知:

① 对于顶板接收到的地震信号,极化分析计算得到的偏振倾角曲线在有效波时间段内变化程度较大,且总体上大于理论偏振倾角。极化分析计算得到的偏振方位角曲线变化程度大,曲线变化趋势为先平稳后波动剧烈,与理论偏振方位角偏差较大。

② 对于煤层接收到的地震信号,极化分析计算得到的偏振倾角曲线在有效波时间段内变化程度较小,曲线总体趋于平稳,且总体上大于理论偏振倾角。极化分析计算得到的偏振方位角曲线变化程度小,曲线总体趋于平稳,与理论偏振方位角偏差大。

③ 对于底板接收到的地震信号,极化分析计算得到的偏振倾角曲线在有效波时间段内变化程度较大,曲线呈下降趋势,且总体上大于理论偏振倾角。极化分析计算得到的偏振方位角曲线变化程度大,与理论偏振方位角偏差较大。

④ 对于迎头接收到的地震信号,极化分析计算得到的偏振倾角曲线在有效波时间段内变化程度较大,曲线存在多个波谷,且整体上大于理论偏振倾角。极化分析计算得到的偏振方位角曲线变化程度小,与理论偏振方位角偏差小。

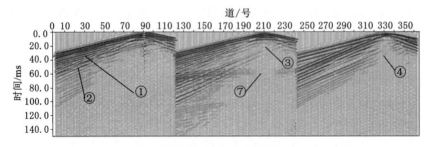

（a）顶板接收地震记录（从左到右分别为 X、Y、Z 分量）

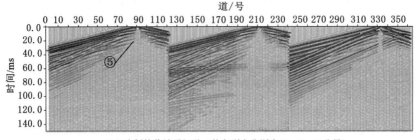

（b）底板接收地震记录（从左到右分别为 X、Y、Z 分量）

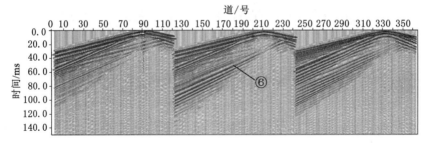

（c）侧帮接收地震记录（从左到右分别为 X、Y、Z 分量）

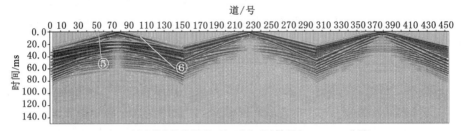

（d）迎头前方接收地震记录（从左到右分别为 X、Y、Z 分量）

图 3-9　正断层底板激发不同位置接收地震记录图

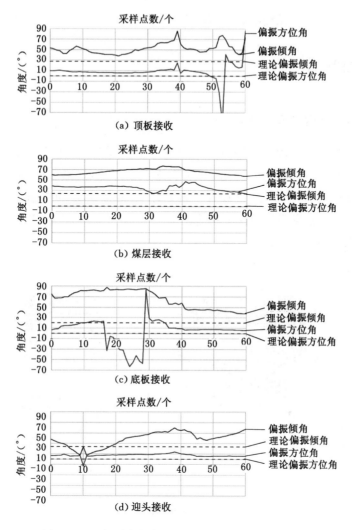

图 3-10 正断层底板激发不同位置接收极化参数图

　　总体来说,底板激发震源的地震信号通过希尔伯特复协方差矩阵极化分析得到的偏振倾角和偏振方位角与理论角度之间存在较大误差,其主要原因同顶板激发与底板激发:一是对盘的断点绕射波到达检波器时与其他波形产生混叠,使得极化分析受到干扰;二是对盘的断点绕射波穿过煤层到达顶板时发生折射,使得极化分析计算的角度与理论角度不符。因此针对正断层模型,底板激发震源所得到的信号无法通过极化分析确定对盘的位置。综上所述,正断层的本身构造特征使得断点绕射波到达检波器时与其他波形产生混叠,极化分析受到严重干扰,因此无法准确利用极化参数进行断层定位。

3.2 逆断层

3.2.1 模型及观测系统参数

根据实验目的,设计了如图 3-11 所示的正演模型,模型在 X、Y、Z 方向的大小分别为 200 m、150 m、150 m,Z 方向中间为煤层,煤厚 5 m,煤层顶底板岩性相同,在煤层前方 115 m 处设置一倾角为 45°的逆断层,断层面与 Y 轴平行,断距为 20 m。各岩层的弹性参数见表 3-2。对模型在 X、Y、Z 方向上进行网格化,网格大小为 $\Delta X = \Delta Y = \Delta Z = 0.3$ m。

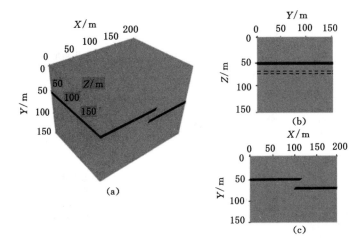

图 3-11 实验模型三维图

表 3-2 实验模型岩层弹性参数

介质	纵波速度/(m/s)	横波速度/(m/s)	密度/(kg/m³)
围岩	3 000	1 730	2 200
煤层	2 200	1 270	1 200

为详细研究煤层中断层构造对地震波传播和极化特征的影响,本次数值模拟过程中布置 3 个震源和 4 条检波线。震源分别为顶板激发(90 m,75 m,48 m)、煤层激发(90 m,75 m,52.5 m)和底板激发(90 m,75 m,57 m),震源深

度为 2 m。检波线分别为顶板接收(红色测线)、底板接收(蓝色测线)、煤层左帮接收(黑色测线)和迎头沿倾向接收(绿色测线)。每条检波线利用 121 道三分量检波器同时接收,其中:X 方向平行于测线方向,即指向断层方向;Y 方向垂直于测线方向,即垂直于煤壁方向;Z 方向为垂直方向,即指向底板方向;道间距为 1 m,接收孔深为 2 m。观测系统的布置如图 3-12 所示。

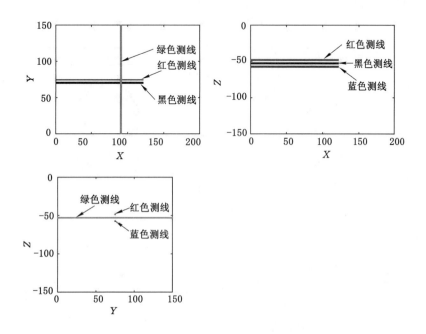

图 3-12　观测系统布置图

模拟采用主频为 250 Hz 的零相位雷克子波爆炸震源,采样时间 $\Delta t = 0.05$ ms。模型边界采用 PML 吸收边界。

3.2.2　三分量地震波场空间传播特征

为分析地震波在空间中的传播特征,选取底板震源为激发震源获取不同时刻的波场快照,图 3-13 为底板激发的不同时刻的地震波场中 $Y = 75$ m 处三分量波场快照切片图。

从三分量波场快照切片图中可以看出:在 10 ms 时刻,震源发出球面子波向四周传播,产生①直达 P 波和②直达 S 波,部分 P 波和 S 波在煤层中发生透射,穿过煤层向前传播;在 15 ms 时刻,震源产生的球面子波在扩散过程中遇到对面断层的断棱,产生③绕射 P 波和④绕射 S 波向四周扩散,部分绕射波遇到煤层底板时发生透射,穿过煤层;在 25 ms 时刻,震源产生的球面子波在扩散过程中遇到本断层的断棱,并产生⑤绕射 P 波和⑥反射槽波,部分绕射波遇到煤层底板时发生透射,穿过煤层;在 30 m 时刻,波场逐渐复杂,空间中不仅存在来自本盘和对盘的绕射波,还存在各种横波、转换波和反射槽波,各种波相互叠加,波场逐渐无法区分。

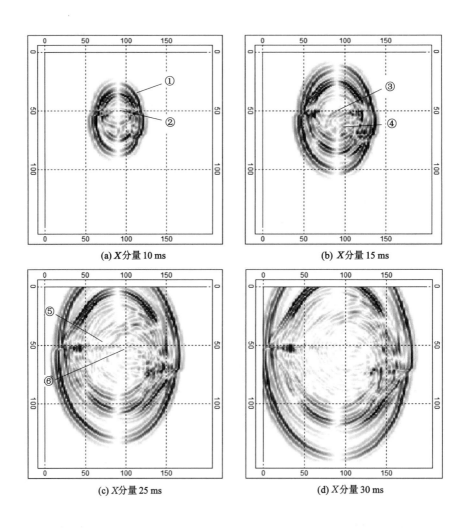

(a) X分量 10 ms

(b) X分量 15 ms

(c) X分量 25 ms

(d) X分量 30 ms

图 3-13 Y＝75 m 处三分量波场快照切片图

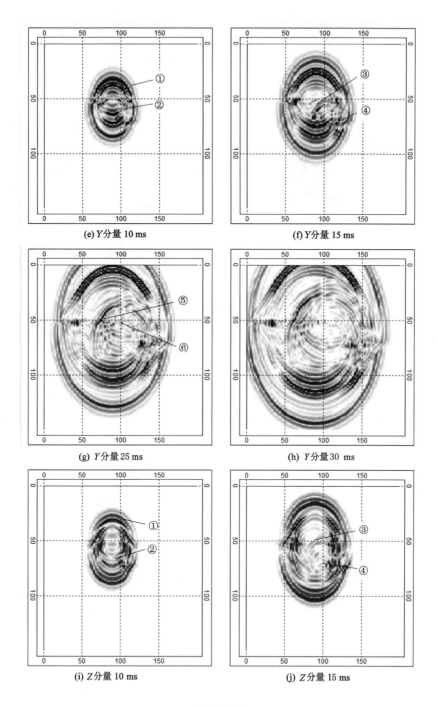

(e) Y分量 10 ms

(f) Y分量 15 ms

(g) Y分量 25 ms

(h) Y分量 30 ms

(i) Z分量 10 ms

(j) Z分量 15 ms

图 3-13(续)

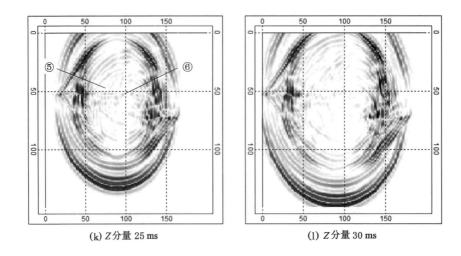

(k) Z分量 25 ms   (l) Z分量 30 ms

图 3-13(续)

3.2.3 极化特征分析

图 3-14 为底板激发第 86 道检波器接收的绕射波传播路径图。从图中可以分析出:震源激发的直达 P 波经对盘的断棱绕射后到达第 86 道检波器。通过计算可知,底板接收绕射路径与测线 X 轴的理论夹角为 48°,煤层接收绕射路径与测线 X 轴的理论夹角为 54°,顶板接收绕射路径与测线 X 轴的理论夹角为 58°。

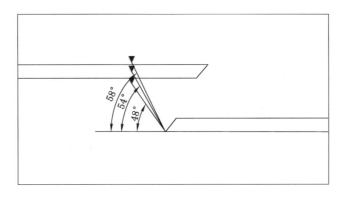

图 3-14 第 86 道检波器接收的绕射波传播路径图

图 3-15 为逆断层顶板激发不同位置接收地震记录图,从波场快照显示的波的运动学、动力学特点,可以识别波场中存在初至波、绕射波,具体为:①直达纵

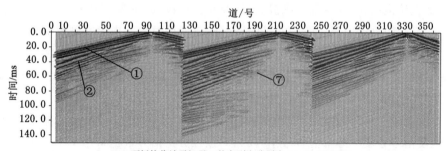

（a）顶板接收地震记录（从左到右分别为X、Y、Z分量）

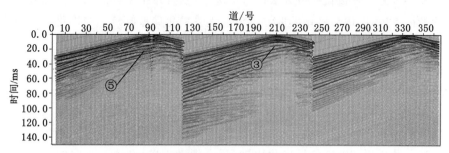

（b）底板接收地震记录（从左到右分别为X、Y、Z分量）

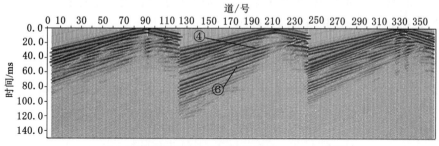

（c）侧帮接收地震记录（从左到右分别为X、Y、Z分量）

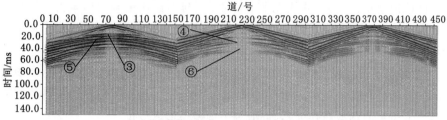

（d）迎头前方接收地震记录（从左到右分别为X、Y、Z分量）

图 3-15　逆断层顶板激发不同位置接收地震记录图

波、②直达横波、③对盘绕射纵波、④对盘绕射横波、⑤本盘绕射纵波、⑥反射槽波、⑦煤层边界反射波。图中两盘的绕射横波和反射槽波由于波列较宽而相互叠加，无明显的区分界线，震源位置处的检波器接收到起始信号能量太强使得下面的信号能量被压制而显示很小的值。由于对盘绕射波先于本盘绕射波到达接收点，因此两盘绕射波易于区分。

为了进一步分析绕射波的质点极化特征，将 X,Y,Z 三分量检波器采集到的地震信号合成三分量信号 (X,Y,Z)，对该三分量信号数据采用基于希尔伯特变换复协方差矩阵极化分析方法进行处理，可获得每个采样点的主极化方向及极化特征参数，即优势极化偏振方位角与优势极化偏振倾角。主极化方向则代表地震波场质点振动主能量方向。通过波场分析确定第 86 道检波器接收到对盘断棱绕射波的大致时间段，对此时间段内振幅逐点进行分析，使优势极化偏振方位角在所选定的时间段内最稳定可靠。

图 3-16 为顶板激发不同检波器排列接收的地震信号在对盘断点绕射波有效时间段内 60 个采样点极化主轴对应的极化特征参数形成的极化参数拟合曲线。通过分析研究地震信号极化主轴（质点振动方向）和测线方向的夹角与射线方向和测线方向夹角的相关关系，说明基于希尔伯特复协方差矩阵极化分析方法在精细探测断层构造上的可行性。

对比图 3-16 中的各条曲线可知：

① 对于顶板接收到的地震信号，极化分析计算得到的偏振倾角曲线在有效波时间段内变化程度较大，存在两个波峰，曲线呈上升趋势，与理论偏振倾角偏差大。极化分析计算得到的偏振方位角曲线变化程度小，与理论偏振方位角偏差较小。

② 对于煤层接收到的地震信号，极化分析计算得到的偏振倾角曲线在有效波时间段内变化程度大，曲线先上升后下降，与理论偏振倾角偏差大。极化分析计算得到的偏振方位角曲线变化程度小，曲线总体趋于平稳，与理论偏振方位角偏差大。

③ 对于底板接收到的地震信号，极化分析计算得到的偏振倾角曲线在有效波时间段内变化程度较小，且总体近似等于理论偏振倾角。极化分析计算得到的偏振方位角曲线变化程度小，近似等于理论偏振方位角。

④ 对于迎头接收到的地震信号，极化分析计算得到的偏振倾角曲线在有效波时间段内变化程度较小，且总体近似等于理论偏振倾角。极化分析计算得到的偏振方位角曲线变化程度小，近似等于偏振理论偏振方位角。

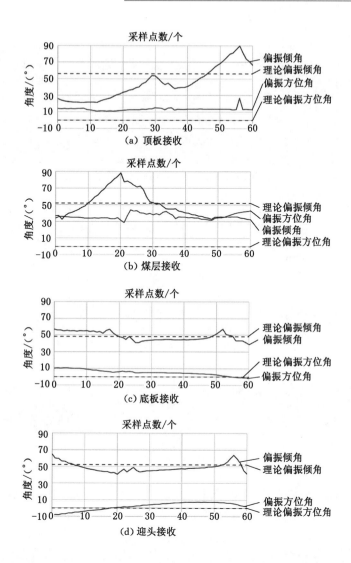

图 3-16　逆断层顶板激发不同位置接收极化参数图

由对以上不同位置顶板、底板、煤层和迎头接收到的绕射波的极化分析可知,顶板和煤层接收到的地震信号由于煤层的折射影响,无法准确反映绕射波的来向;底板和迎头接收到的地震信号的极化特征可以精确地反映出绕射波的来向,为断层定位成像并去除假象点增强了可靠性与稳定性。

图 3-17 为逆断层煤层激发不同位置接收地震记录图,从波场快照显示的波

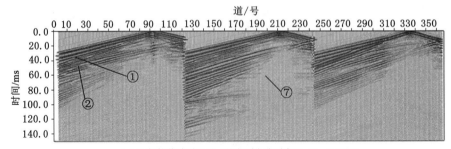

（a）顶板接收地震记录（从左到右分别为 *X*、*Y*、*Z* 分量）

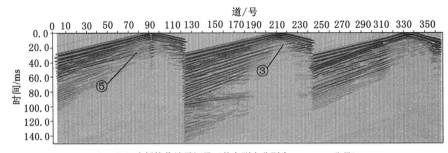

（b）底板接收地震记录（从左到右分别为 *X*、*Y*、*Z* 分量）

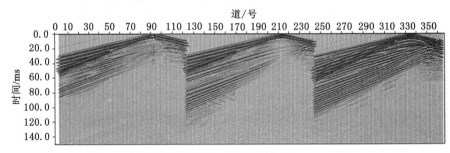

（c）侧帮接收地震记录（从左到右分别为 *X*、*Y*、*Z* 分量）

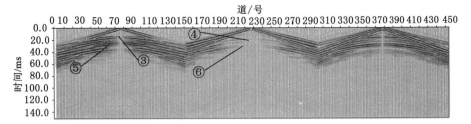

（d）迎头前方接收地震记录（从左到右分别为 *X*、*Y*、*Z* 分量）

图 3-17　逆断层煤层激发不同位置接收地震记录图

的运动学、动力学特点,可以识别波场中存在初至波、绕射波,具体为:①直达纵波、②直达横波、③对盘绕射纵波、④对盘绕射横波、⑤本盘绕射纵波、⑥反射槽波、⑦煤层边界反射波。图中两盘的绕射横波和反射槽波由于波列较宽而相互叠加,无明显的区分界线,震源位置处的检波器接收到起始信号能量太强使得下面的信号能量被压制而显示很小的值。由于对盘绕射波先于本盘绕射波到达接收点,因此两盘绕射波易于区分。

为了进一步分析绕射波的质点极化特征,将 X、Y、Z 三分量检波器采集到的地震信号合成三分量信号(X,Y,Z),对该三分量信号数据采用基于希尔伯特变换复协方差矩阵极化分析方法进行处理,可获得每个采样点的主极化方向及极化特征参数,即优势极化偏振方位角与优势极化偏振倾角。主极化方向则代表地震波场质点振动主能量方向。通过波场分析确定第86道检波器接收到对盘断棱绕射波的大致时间段,对此时间段内振幅逐点进行分析,使优势极化偏振方位角在所选定的时间段内最稳定可靠。

图 3-18 为煤层激发不同检波器排列接收的地震信号在对盘断点绕射波有效时间段内 60 个采样点极化主轴对应的极化特征参数形成的极化参数拟合曲线。通过分析研究地震信号极化主轴(质点振动方向)和测线方向的夹角与射线方向和测线方向夹角的相关关系,说明基于希尔伯特复协方差矩阵极化分析方法在精细探测断层构造上的可行性。

对比分析图 3-18 中的各条曲线可知:

① 对于顶板接收到的地震信号,极化分析计算得到的偏振倾角曲线在有效波时间段内变化程度较大,计算值总体小于理论值且与理论偏振倾角偏差大。极化分析计算得到的偏振方位角曲线变化程度小,曲线存在一个剧烈变化点,总体上与理论偏振方位角偏较小。

② 对于煤层接收到的地震信号,极化分析计算得到的偏振倾角曲线在有效波时间段内变化程度较大,曲线波动剧烈,与理论偏振倾角偏差大。极化分析计算得到的偏振方位角曲线变化程度大,曲线波动剧烈,与理论偏振方位角偏差大。

③ 对于底板接收到的地震信号,极化分析计算得到的偏振倾角曲线在有效波时间段内变化程度较小,且总体近似等于理论偏振倾角。极化分析计算得到的偏振方位角曲线变化程度小,与理论偏振方位角偏差较小。

④ 对于迎头接收到的地震信号,极化分析计算得到的偏振倾角曲线在有效波时间段内变化程度较小,且总体近似等于理论偏振倾角。极化分析计算得到

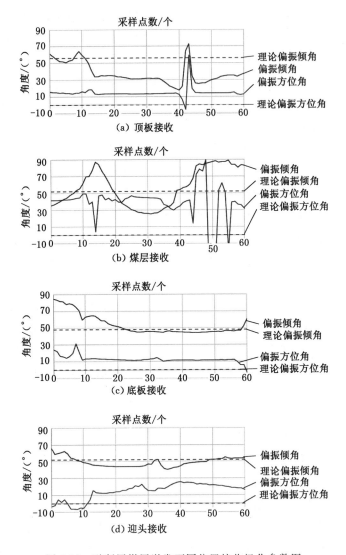

图 3-18　逆断层煤层激发不同位置接收极化参数图

的偏振方位角曲线变化程度大,与理论偏振方位角偏差较小。

　　对以上不同位置顶板、底板、煤层和迎头接收到的绕射波的极化分析可知,顶板和煤层接收到的地震信号由于煤层的折射影响,无法准确反映绕射波的来向;底板和迎头接收到的地震信号其极化特征可以精确地反映出绕射波的来向,为断层定位成像并去除假象点增强了可靠性与稳定性。

　　图 3-19 为逆断层底板激发不同位置接收地震记录图,从波场快照显示的波

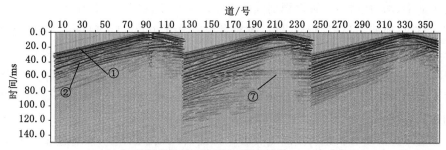

（a）顶板接收地震记录（从左到右分别为 X、Y、Z 分量）

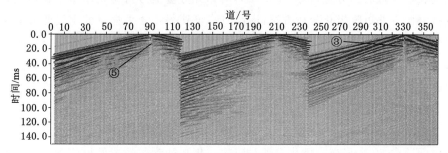

（b）底板接收地震记录（从左到右分别为 X、Y、Z 分量）

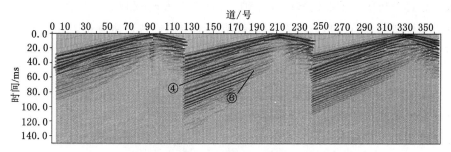

（c）侧帮接收地震记录（从左到右分别为 X、Y、Z 分量）

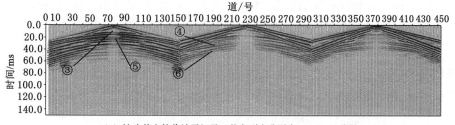

（d）迎头前方接收地震记录（从左到右分别为 X、Y、Z 分量）

图 3-19　逆断层底板激发不同位置接收地震记录图

的运动学、动力学特点,可以识别波场中存在初至波、绕射波,具体为:①直达纵波、②直达横波、③对盘绕射纵波、④对盘绕射横波、⑤本盘绕射纵波、⑥反射槽波、⑦煤层边界反射波。图中两盘的绕射横波和反射槽波由于波列较宽而相互叠加,无明显的区分界线,震源位置处的检波器接收到的起始信号能量太强使得下面的信号能量被压制而显示很小的值。由于对盘绕射波先于本盘绕射波到达接收点,因此两盘绕射波易于区分。

为了进一步分析绕射波的质点极化特征,将 X、Y、Z 三分量检波器采集到的地震信号合成三分量信号 (X,Y,Z),对该三分量信号数据采用基于希尔伯特变换复协方差矩阵极化分析方法进行处理,可获得每个采样点的主极化方向及极化特征参数,即优势极化偏振方位角与优势极化偏振倾角。主极化方向则代表地震波场质点振动主能量方向。通过波场分析确定第 86 道检波器接收到对盘断棱绕射波的大致时间段,对此时间段内振幅逐点进行分析,使优势极化偏振方位角在所选定的时间段内最稳定可靠。

图 3-20 为底板激发不同检波器排列接收的地震信号在对盘断点绕射波有效时间段内 60 个采样点极化主轴对应的极化特征参数形成的极化参数拟合曲线。通过分析研究地震信号极化主轴(质点振动方向)和测线方向的夹角与射线方向和测线方向夹角的相关关系,说明基于希尔伯特复协方差矩阵极化分析方法在精细探测断层地质构造上的可行性。

对比分析图 3-20 中的各条曲线可知:

① 对于顶板接收到的地震信号,极化分析计算得到的偏振倾角曲线在有效波时间段内变化程度较小,曲线平稳,近似等于理论偏振倾角。极化分析计算得到的偏振方位角曲线变化程度小,曲线平稳,近似等于理论偏振方位角。

② 对于煤层接收到的地震信号,极化分析计算得到的偏振倾角曲线在有效波时间段内变化程度较小,曲线平稳,近似等于理论偏振倾角。极化分析计算得到的偏振方位角曲线变化程度小,曲线平稳,总体大于理论偏振方位角。

③ 对于底板接收到的地震信号,极化分析计算得到的偏振倾角曲线在有效波时间段内变化程度较小,曲线平稳,近似等于理论偏振倾角。极化分析计算得到的偏振方位角曲线变化程度小,曲线平稳,与理论偏振方位角偏差较小。

④ 对于迎头接收到的地震信号,极化分析计算得到的偏振倾角曲线在有效波时间段内变化程度较小,近似等于理论偏振倾角。极化分析计算得到的偏振方位角曲线变化程度大,与理论偏振方位角偏差较小。

对以上不同位置顶板、底板、煤层和迎头接收到的绕射波的极化分析可知,

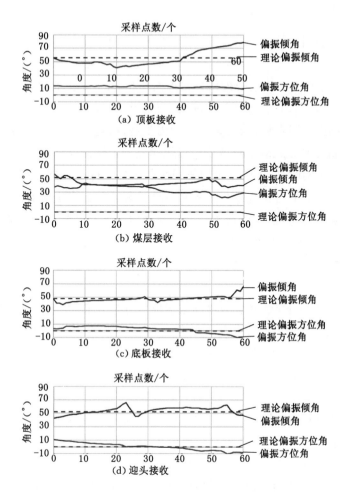

图 3-20 逆断层底板激发不同位置接收极化参数图

不同接收排列接收的地震信号及其极化特征可以精确地反映出绕射波的来向，为断层定位成像并去除假象点增强了可靠性与稳定性。

总体来说，不同位置激发震源产生的地震信号中，顶板和煤层接收到的地震信号极化效果差、极化特征不明显，无法精确地反映出绕射波的来向；底板和迎头接到的地震信号极化效果好、极化特征明显，可以精确地反映出绕射波的来向。

3.3　本章小结

（1）基于矿井巷道主要地质异常界面产状，建立了无巷道条件影响下正、逆断层的数值模型。针对不同属性断层，利用点震源激发进行了有限差分正演计算，充分考虑了不同地震波运动学及动力学特征；运用波场快照、合成地震记录及极化分析三种方式对地震波场传播规律进行了研究分析。

（2）从不同时刻、不同分量的波场快照中分析得出：震源激发产生的 P 波、S 波在传播过程中遇到断层本盘断棱和对盘断棱都会产生绕射波，仅存在来自本盘和对盘的绕射波；正断层本盘断棱的绕射波比对盘断棱的绕射波先到达检波器排列，使得对盘的断棱绕射波在到达检波器排列时与其他波形叠加，因此无法直接提取到明显的有效绕射波信号；逆断层由于对盘绕射波先于本盘绕射波到达接收点，因此两盘绕射波易于区分。

（3）通过不同属性断层的合成记录极化分析表明：正断层的本身构造特征使得断点绕射波到达检波器时与其他波形产生混叠，极化分析受到严重干扰，因此无法准确进行断层定位。逆断层的构造特征使其可以接收到不同断盘的绕射波，不同的断盘绕射波可以精确地反映出绕射波的来向，为断层定位成像提供理论可行性。

（4）通过对逆断层不同观测系统的合成地震记录的对比分析表明：对于逆断层模型，分析了不同位置激发震源产生的地震信号，其中顶板和煤层接收到的地震信号极化效果差、极化特征不明显，无法精确地反映出绕射波的来向；底板和迎头接收到的地震信号极化效果好、极化特征明显，可以精确地反映出绕射波的来向。

4　含巷道地震波全空间三维波场数值模拟与极化特征分析

根据前面的分析可知,基于希尔伯特复协方差矩阵极化分析方法在精细探测不含巷道的逆断层模型上存在可行性。实际情况中,煤层周围接收的信号受到煤巷空腔及围岩松动圈效应耦合影响,波场情况更加复杂。下面对存在煤巷空腔及围岩松动圈条件下不同激发、接收点参数(空间位置、钻孔深度)的断点绕射波特征进行研究。

4.1　逆断层均匀介质巷道模型

4.1.1　模型及观测系统参数

根据实验目的,设计了如图 4-1 所示的含巷道正演模型,模型在 X、Y、Z 方

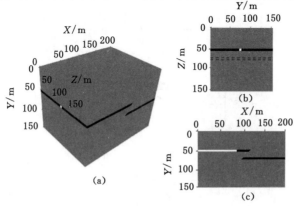

图 4-1　实验模型三维图

向的大小分别为 200 m、150 m、150 m，Z 方向中间为煤层，煤厚 5 m，煤层顶底板岩性相同，在煤层前方 115 m 处设置一倾角为 45° 的逆断层，断层面与 Y 轴平行，断距为 20 m。巷道位于煤层中间位置处长 90 m，宽 5 m，高 5 m。各岩层的弹性参数见表 4-1。对模型在 X、Y、Z 方向上进行网格化，网格大小为 $\Delta X = \Delta Y = \Delta Z = 0.3$ m。

表 4-1　实验模型岩层弹性参数

介质	纵波速度/(m/s)	横波速度/(m/s)	密度/(kg/m³)
围岩	3 000	1 730	2 200
煤层	2 200	1 270	1 200
巷道	340	0	1.29

观测系统的布置如图 4-2 所示。本次数值模拟过程中布置 3 个震源和 4 条检波线。震源分别为顶板激发（90 m，75 m，48 m）、煤层激发（90 m，75 m，52.5 m）和底板激发（90 m，75 m，57 m），震源深度为 2 m。检波线分别为顶板接收（红色测线）、底板接收（蓝色测线）、煤层左帮接收（黑色测线）和迎头沿倾向接收（绿色测线）。本次模拟过程中统一采用单炮激发、121 道检波器同时接

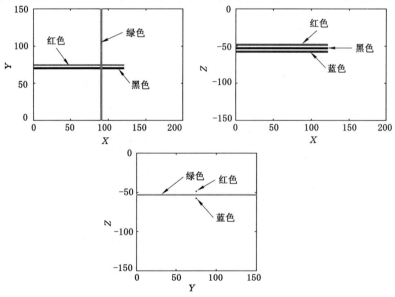

图 4-2　实验观测系统布置图

收的方式,利用 X、Y、Z 三分量检波器进行同时接收。其中,X 方向平行测线方向,即指向断层方向;Y 方向垂直测线方向,即垂直煤壁方向;Z 方向为垂直方向,即指向底板方向;道间距为 1 m。

模拟采用主频为 250 Hz 的零相位雷克子波爆炸震源,采样时间 $\Delta t = 0.1$ ms。数值模拟过程中布置 3 个震源,分别为顶板激发、煤层激发和底板激发,震源深度为 2 m。

4.1.2　三分量地震波场空间传播特征

为分析地震波在空间中的传播特征,选取底板震源为激发震源,获取不同时刻的波场快照,图 4-3 为底板激发的不同时刻的地震波场中 $Y = 75$ m 处 X、Y、Z 三个分量的三维波场快照切片图。

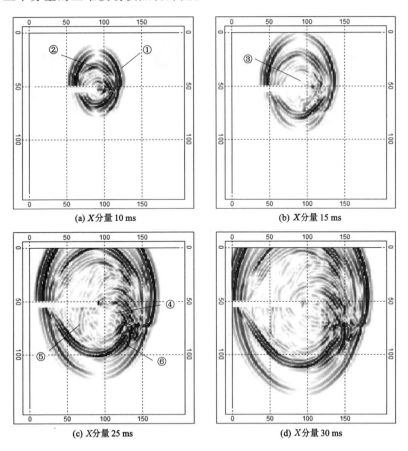

(a) X分量 10 ms

(b) X分量 15 ms

(c) X分量 25 ms

(d) X分量 30 ms

图 4-3　$Y = 75$ m 处三分量波场快照切片图

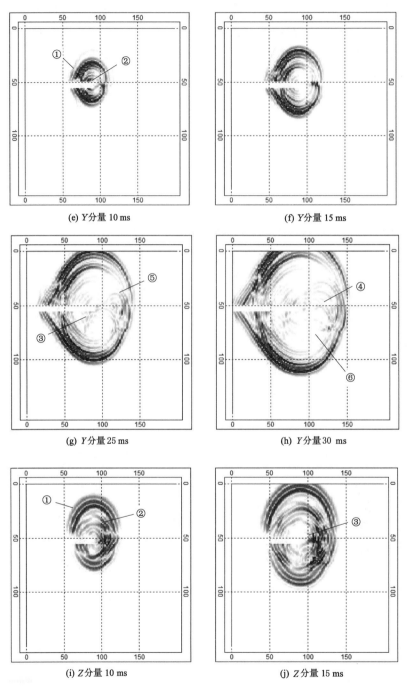

(e) Y分量 10 ms

(f) Y分量 15 ms

(g) Y分量 25 ms

(h) Y分量 30 ms

(i) Z分量 10 ms

(j) Z分量 15 ms

图 4-3（续）

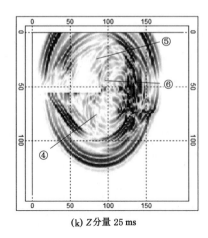 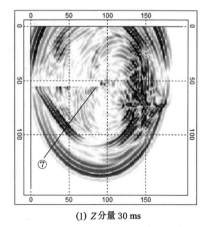

(k) Z分量 25 ms　　　　　　　　　　(l) Z分量 30 ms

图 4-3(续)

从三分量波场快照切片图中可以看出：在 10 ms 时刻，震源发出球面子波向四周传播，产生①直达 P 波和②直达 S 波，部分 P 波和 S 波在煤层中发生透射，穿过煤层向前传播；在 15 ms 时刻，震源产生的球面子波在扩散过程中遇到对面断层的断棱，产生③绕射 P 波和④绕射 S 波向四周扩散，部分绕射波遇到煤层底板时发生透射，穿过煤层；在 25 ms 时刻，震源产生的球面子波在扩散过程中遇到本断层的断棱，并产生⑤绕射 P 波和⑥反射槽波，部分绕射波遇到巷道时产生较强的⑦巷道面波；在 30 ms 时刻，波场逐渐复杂，空间中不仅存在来自本盘和对盘的绕射波，还存在各种横波、转换波、反射槽波和巷道面波各种波相互叠加，波场逐渐无法区分。

4.1.3　极化特征分析

图 4-4 为时长 150 ms 的 45°单个异常界面模型 X、Y、Z 三分量地震记录，从波场快照显示的波的运动学、动力学特点，可以识别波场中存在初至波、断层绕射波，具体为：①直达纵波、②直达横波、③对盘断点绕射纵波、④对盘断点绕射横波、⑤本盘断点绕射纵波和⑥反射槽波。图中两盘的绕射横波和反射槽波相互叠加，区分程度小，震源位置处的检波器接收到起始信号能量太强使得下面的信号能量被压制而显示很小的值。由于巷道槽波的影响，有效绕射波提取困难。

为了进一步分析绕射波的质点极化特征，将 X、Y、Z 三分量检波器采集的地震信号合成三分量信号(X,Y,Z)，对该三分量信号数据进行基于希尔伯特变

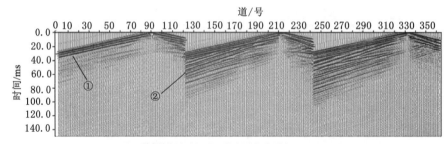

（a）顶板接收地震记录（从左到右分别为 X、Y、Z 分量）

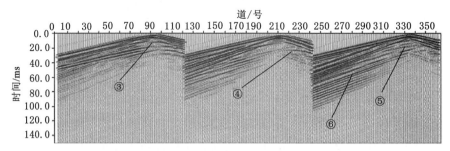

（b）底板接收地震记录（从左到右分别为 X、Y、Z 分量）

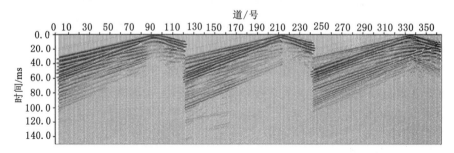

（c）侧帮接收地震记录（从左到右分别为 X、Y、Z 分量）

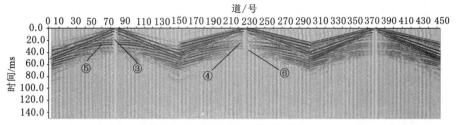

（d）迎头前方接收地震记录（从左到右分别为 X、Y、Z 分量）

图 4-4 逆断层顶板激发不同位置接收地震记录图

换复协方差矩阵极化分析方法处理,可获得每个采样点的主极化方向及极化特征参数,即优势极化偏振方位角与优势极化偏振倾角。通过波场分析确定第86道检波器接收到对盘断棱绕射波的时间段,对此时间段内振幅逐点进行分析,使优势极化偏振方位角在所选定的时间段内最稳定可靠。

图 4-5 为顶板激发不同检波器排列接收的地震信号在对盘断点绕射波有效时间段内 60 个采样点极化主轴对应的极化特征参数形成的极化参数拟合曲

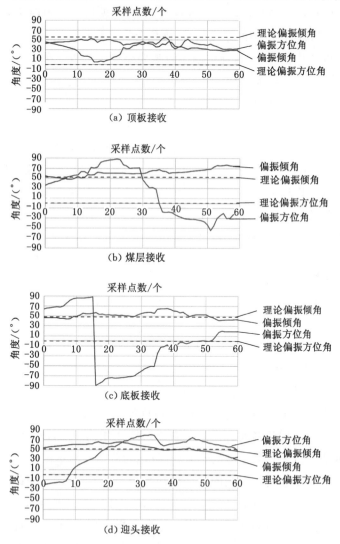

图 4-5 逆断层顶板激发不同位置接收极化参数图

线。通过分析研究地震信号极化主轴(质点振动方向)和测线方向的夹角与射线方向和测线方向夹角的相关关系,说明基于希尔伯特复协方差矩阵极化分析方法在巷道条件下精细探测断层构造上的可行性。

对比图 4-5 中的各条曲线可知:

① 对于顶板接收到的地震信号,极化分析计算得到的偏振倾角曲线在有效波时间段内变化程度较大,存在多个波峰,与理论偏振倾角偏差大。极化分析计算得到的偏振方位角曲线变化程度大,与理论偏振方位角偏差大。

② 对于煤层接收到的地震信号,极化分析计算得到的偏振倾角曲线在有效波时间段内变化程度小,与理论偏振倾角偏差较小。极化分析计算得到的偏振方位角曲线变化程度大,存在多个波峰,与理论偏振方位角偏差大。

③ 对于底板接收到的地震信号,极化分析计算得到的偏振倾角曲线在有效波时间段内变化程度较小,近似等于理论偏振倾角。极化分析计算得到的偏振方位角曲线变化程度大,存在极性反转的情况,与理论偏振方位角偏差大。

④ 对于迎头接收到的地震信号,极化分析计算得到的偏振倾角曲线在有效波时间段内变化程度较小,且总体近似等于理论偏振倾角。极化分析计算得到的偏振方位角曲线变化程度大,曲线呈上升趋势,与理论偏振方位角偏差大。

以上各检波器排列接收到的地震信号极化分析结果表明,受到巷道面波干扰影响,极化分析计算的倾角与理论拟合程度较好,分析计算的方位角与理论拟合程度差,因此,不同检波器排列接收到的地震信号其极化特征可以较为精确地反映出绕射波在竖直方向上的来向,但无法精确反映出绕射波在水平方向上的来向。

图 4-6 为逆断层煤层激发不同位置接收地震记录图,从波场快照显示的波的运动学、动力学特点,可以识别波场中存在初至波、断层绕射波,具体为:①直达纵波、②直达横波、③本盘断点绕射纵波、④反射槽波、⑤对盘绕射纵波和⑥对盘绕射横波。图中两盘的绕射横波和反射槽波相互叠加,区分程度小,震源位置处的检波器接收到的起始信号能量太强,使得下面的信号能量被压制而显示很小的值。由于反射槽波的影响,有效绕射波提取困难。

为了进一步分析绕射波的质点极化特征,将 X、Y、Z 三分量检波器采集的多波多分量合成三分量信号(X,Y,Z),对该三分量数据进行基于希尔伯特变换复协方差矩阵极化分析方法,可获得每个采样点的主极化方向及极化特征参数,即优势极化偏振方位角与优势极化偏振倾角。主极化方向则代表地震波场质点振动主能量方向。为了准确确定所选时间段内波形的最优极化参数,对第

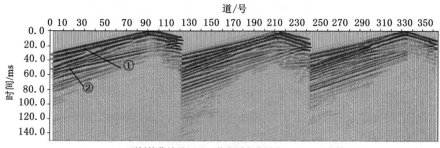

（a）顶板接收地震记录（从左到右分别为X、Y、Z分量）

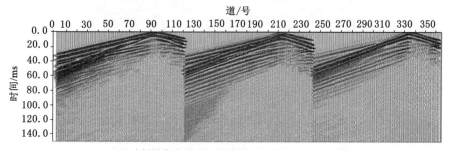

（b）底板接收地震记录（从左到右分别为X、Y、Z分量）

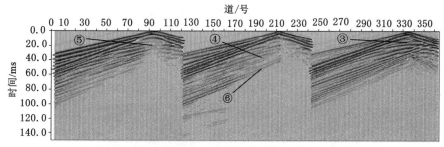

（c）侧帮接收地震记录（从左到右分别为X、Y、Z分量）

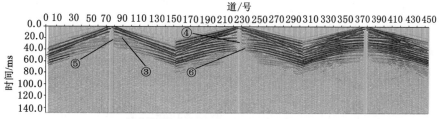

（d）迎头前方接收地震记录（从左到右分别为X、Y、Z分量）

图 4-6 逆断层煤层激发不同位置接收地震记录图

86 道检波器所选定的时窗内振幅逐点进行分析,使优势极化偏振方位角在所选定的周期内最稳定可靠。

图 4-7 为煤层激发不同位置接收的地震信号在绕射波有效区域内极化主轴对应的极化特征参数。通过分析研究地震信号极化主轴(质点振动方向)和测线方向的夹角与射线方向和测线方向夹角的相关关系,说明基于希尔伯特复协方差矩阵极化分析方法在巷道条件下精细探测断层构造的可行性。

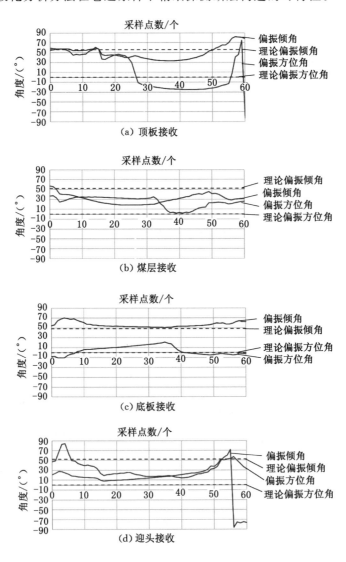

图 4-7　逆断层煤层激发不同位置接收极化参数图

对比分析图 4-7 中的各条曲线可知:

① 对于顶板接收到的地震信号,极化分析计算得到的偏振倾角曲线在有效波时间段内变化程度较大,且与理论偏振倾角偏差大。极化分析计算得到的偏振方位角曲线变化程度大,与理论偏振方位角偏差大。

② 对于煤层接收到的地震信号,极化分析计算得到的偏振倾角曲线在有效波时间段内变化程度较小,曲线总体较为平缓,与理论偏振倾角偏差大。极化分析计算得到的偏振方位角曲线变化程度较大,曲线波动剧烈,与理论偏振方位角偏差大。

③ 对于底板接收到的地震信号,极化分析计算得到的偏振倾角曲线在有效波时间段内变化程度较小,近似等于理论偏振倾角。极化分析计算得到的偏振方位角曲线变化程度小,与理论偏振方位角偏差较小。

④ 对于迎头接收到的地震信号,极化分析计算得到的偏振倾角曲线在有效波时间段内变化程度较大,与理论偏振倾角偏差大。极化分析计算得到的偏振方位角曲线变化程度大,与理论偏振方位角相差大。

对以上不同位置即顶板、底板、煤层和迎头接收到的绕射波的极化分析可知,顶板、煤层和迎头接收到的地震信号由于巷道面波干扰,无法准确反映绕射波的来向;底板接收的地震信号受到巷道面波干扰程度小,极化特征明显可以精确地反映出绕射波的来向,为断层定位成像并去除假象点增强了可靠性与稳定性。

图 4-8 为逆断层底板激发不同位置接收地震记录图,从波场快照显示的波的运动学、动力学特点,可以识别波场中存在初至波、断层绕射波,具体为:①直达纵波、②直达横波、③对盘断点绕射纵波、④对盘绕射横波、⑤本盘绕射纵波和⑥反射槽波。图中两盘的绕射横波和反射槽波相互叠加,区分程度小,震源位置处的检波器接收到的起始信号能量太强,使得下面的信号能量被压制而显示很小的值。由于反射槽波的影响,有效绕射波提取困难。

为了进一步分析绕射波的质点极化特征,将 X、Y、Z 三分量检波器采集的地震信号合成三分量信号 (X,Y,Z),对该三分量信号数据进行基于希尔伯特变换复协方差矩阵极化分析方法处理,可获得每个采样点的主极化方向及极化特征参数,即优势极化偏振方位角与优势极化偏振倾角。主极化方向则代表地震波场质点振动主能量方向。通过波场分析确定第 86 道检波器接收到对盘断棱绕射波的大致时间段,对此时间段内振幅逐点进行分析,使优势极化偏振方位角在所选定的时间段内最稳定可靠。

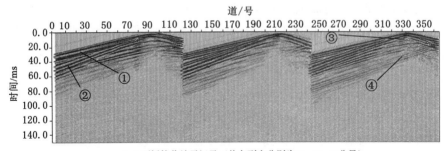

（a）顶板接收地震记录（从左到右分别为 X、Y、Z 分量）

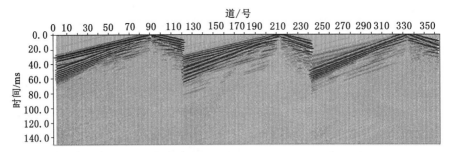

（b）底板接收地震记录（从左到右分别为 X、Y、Z 分量）

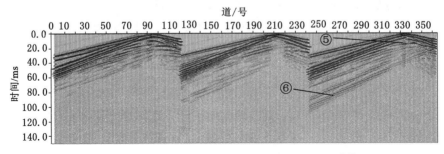

（c）侧帮接收地震记录（从左到右分别为 X、Y、Z 分量）

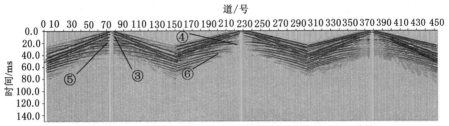

（d）迎头前方接收地震记录（从左到右分别为 X、Y、Z 分量）

图 4-8　逆断层底板激发不同位置接收地震记录图

　　图 4-9 为底板激发不同检波器排列接收的地震信号在对盘断点绕射波有效时间段内 60 个采样点极化主轴对应的极化特征参数形成的极化参数拟合曲线。通过分析研究地震信号极化主轴（质点振动方向）和测线方向的夹角与射线方向和测线方向夹角的相关关系，说明基于希尔伯特复协方差矩阵极化分析方法在巷道条件下精细探测断层构造的可行性。

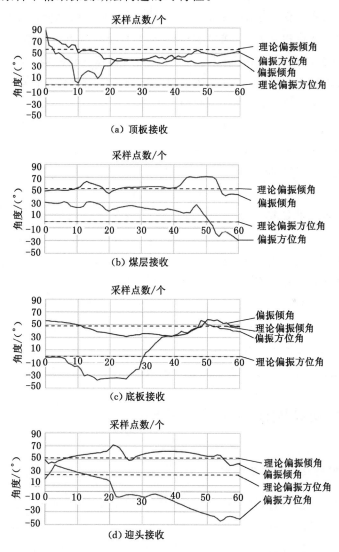

图 4-9　逆断层底板激发不同位置接收极化参数图

对比分析图 4-9 中的各条曲线可知：

① 对于顶板接收到的地震信号,极化分析计算得到的偏振倾角曲线在有效波时间段内变化程度较大,曲线呈下降趋势,近似等于理论偏振倾角。极化分析计算得到的偏振方位角曲线变化程度大,与理论偏振方位角偏差大。

② 对于煤层接收到的地震信号,极化分析计算得到的偏振倾角曲线在有效波时间段内变化程度较小,近似等于理论偏振倾角。极化分析计算得到的偏振方位角曲线变化程度大,曲线呈下降趋势,与理论偏振方位角偏差大。

③ 对于底板接收到的地震信号,极化分析计算得到的偏振倾角曲线在有效波时间段内变化程度较小,且总体近似等于理论偏振倾角。极化分析计算得到的偏振方位角曲线变化程度大,曲线先下降后上升,与理论偏振方位角偏差大。

④ 对于迎头接收到的地震信号,极化分析计算得到的偏振倾角曲线在有效波时间段内变化程度较小,且总体近似等于理论偏振倾角。极化分析计算得到的偏振方位角曲线变化程度大,曲线呈下降趋势,与理论偏振方位角偏差较大。

以上各检波器排列接收到的地震信号极化分析结果表明,受到巷道面波干扰影响,极化分析计算的偏振倾角与理论值拟合程度较好,分析计算的偏振方位角与理论值拟合程度差,因此,不同检波器排列接收到的地震信号其极化特征可以反映出绕射波在竖直方向上的来向,但无法反映出绕射波在水平方向上的来向。

总体来说,巷道空腔作用对绕射波在竖直方向上极化分析的影响较小,对绕射波在水平方向上极化分析的影响较大。因此,在对含巷道空腔模型进行绕射波极化分析时需充分考虑巷道的空腔效应,减小分析误差。

4.2 含松动圈逆断层巷道模型

4.2.1 模型及观测系统参数

根据实验目的,设计了如图 4-10 所示的含松动圈的巷道正演模型,模型在 X、Y、Z 方向的大小分别为 200 m、150 m、150 m,Z 方向中间为煤层,煤厚 5 m,松动圈沿顶底板和沿侧帮的渐变参数见表 4-2。在煤层前方 115 m 处设置一倾角为 45°的逆断层,断层面与 Y 轴平行,断距为 20 m。对模型在 X、Y、Z 方向上进行网格化,网格大小为 $\Delta X = \Delta Y = \Delta Z = 0.3$ m。

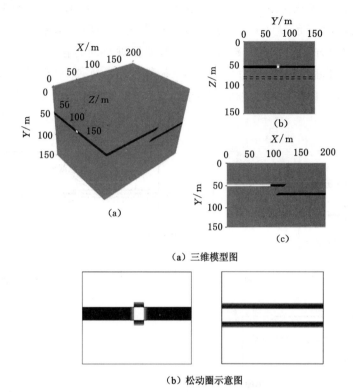

（a）三维模型图

（b）松动圈示意图

图 4-10　实验模型三维图

表 4-2　实验模型岩层弹性参数

介质	纵波速度/(m/s)	横波速度/(m/s)	密度/(kg/m³)
围岩	3 000	1 730	2 200
煤层	2 200	1 270	1 200
巷道	340	0	1.29
松动圈顶底板	3 000→2 200	1 730→1 270	2 200→1 900
松动圈侧帮	2 200→1 000	1 270→525	1 200→1 000

　　考虑到矿井巷道特殊的地震勘探环境,本次数值模拟过程中布置 3 个震源和 4 条检波线。震源分别为顶板激发(90 m,75 m,48 m)、煤层激发(90 m,75 m,52.5 m)和底板激发(90 m,75 m,57 m),震源深度为 2 m。检波线分别

为顶板接收(红色测线)、底板接收(蓝色测线)、煤层左帮接收(黑色测线)和迎头沿倾向接收(绿色测线)。本次模拟过程中统一采用单炮激发121道检波器同时接收的方式,利用 X、Y、Z 三分量检波器进行同时接收。其中,X 方向平行测线方向,即指向断层方向;Y 方向垂直测线方向,即垂直煤壁方向;Z 方向为垂直方向,即指向底板方向;道间距为 1 m。观测系统的布置如图 4-11 所示。

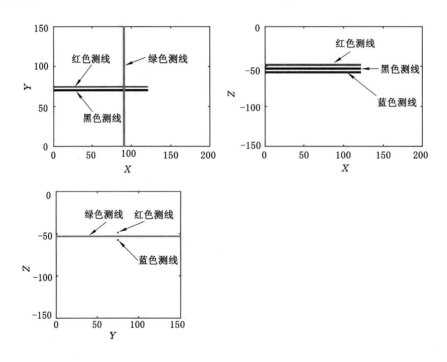

图 4-11　实验观测系统布置图

模拟采用主频为 250 Hz 的零相位雷克子波爆炸震源,采样时间 $\Delta t = 0.1$ ms。数值模拟过程中布置 3 个震源,分别为顶板激发、煤层激发和底板激发,震源深度为 2 m。

4.2.2　三分量地震波场空间传播特征

为分析地震波在空间中的传播特征,选取底板震源为激发震源获取不同时刻的波场快照,图 4-12 为底板激发的不同时刻的地震波场中 $Y = 75$ m 处 X、Y、Z 三个分量的三维波场快照切片图。

从三分量波场快照切片图中可以看出：在 10 ms 时刻，震源发出球面子波向四周传播，产生①直达 P 波和②直达 S 波，部分 P 波和 S 波在煤层中产生槽波；在 15 ms 时刻，震源产生的球面子波在扩散过程中遇到对面断层的断棱，产生③绕射 P 波和④绕射 S 波向四周扩散，在松动圈周围存在强烈的⑤面波干扰；在 25 ms 时刻，震源产生的球面子波在扩散过程中遇到本断层的断棱，并产生⑥绕射 P 波和⑦反射槽波，部分绕射波遇到巷道时产生较强的巷道面波；在 30 ms 时刻，波场逐渐复杂，各种横波、转换波、反射槽波和巷道面波各种波相互叠加，波场难以区分。

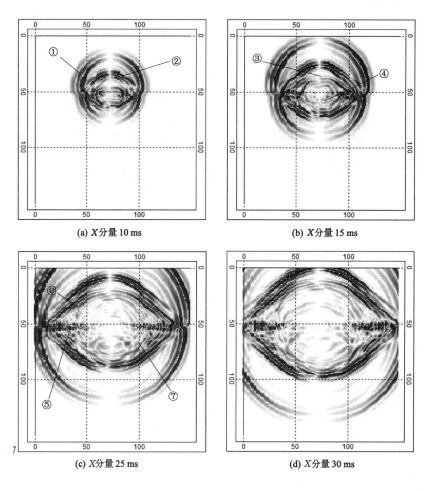

(a) X分量 10 ms

(b) X分量 15 ms

(c) X分量 25 ms

(d) X分量 30 ms

图 4-12　Y=75 m 处三分量波场快照切片图

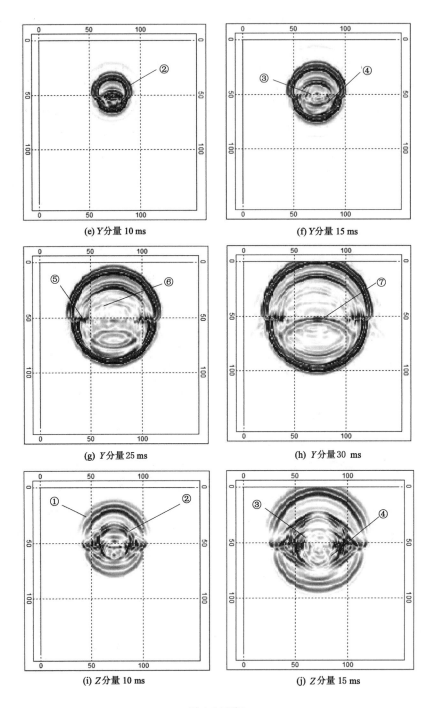

(e) Y分量 10 ms

(f) Y分量 15 ms

(g) Y分量 25 ms

(h) Y分量 30 ms

(i) Z分量 10 ms

(j) Z分量 15 ms

图 4-12(续)

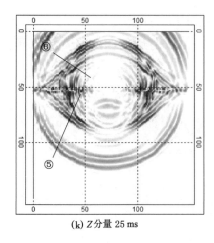
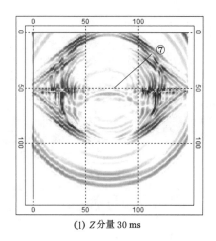

(k) Z分量 25 ms　　　　　　　　　　(l) Z分量 30 ms

图 4-12(续)

4.2.3　极化特征分析

　　图 4-13 为含松动圈巷道逆断层顶板激发不同位置接收地震记录图,从波场快照显示的波的运动学、动力学特点,可以识别出波场中存在初至波、断层绕射波,具体为:①直达纵波、②直达横波、③对盘断点绕射纵波、④对盘断点绕射横波、⑤巷道面波、⑥本盘绕射纵波和⑦反射槽波。图中震源位置处的检波器接收到的起始信号能量太强,使得下面的信号能量被压制而显示很小的值。由于巷道面波的影响,有效绕射波提取困难。

　　为了进一步分析绕射波的质点极化特征,将 X、Y、Z 三分量检波器采集的地震信号合成三分量信号(X,Y,Z),对该三分量信号数据进行基于希尔伯特变换复协方差矩阵极化分析方法处理,可获得每个采样点的主极化方向及极化特征参数,即优势极化偏振方位角与优势极化偏振倾角。通过波场分析确定第 86 道检波器接收到对盘断棱绕射波的时间段,对此时间段内振幅逐点进行分析,使优势极化偏振方位角在所选定的时间段内最稳定可靠。

　　图 4-14 为顶板激发不同检波器排列接收的地震信号在对盘断点绕射波有效时间段内 60 个采样点极化主轴对应的极化特征参数形成的极化参数拟合曲线。通过分析研究地震信号极化主轴(质点振动方向)和测线方向的夹角与射线方向和测线方向夹角的关系,说明基于希尔伯特复协方差矩阵极化分析方法

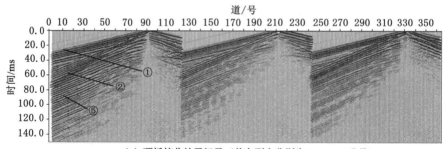

（a）顶板接收地震记录（从左到右分别为 X、Y、Z 分量）

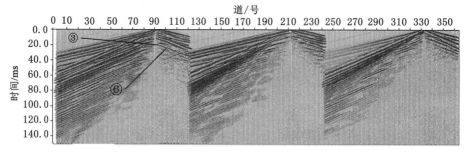

（b）底板接收地震记录（从左到右分别为 X、Y、Z 分量）

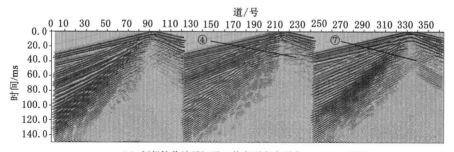

（c）侧帮接收地震记录（从左到右分别为 X、Y、Z 分量）

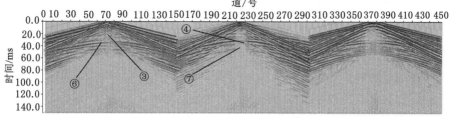

（d）迎头前方接收地震记录（从左到右分别为 X、Y、Z 分量）

图 4-13 含松动圈巷道逆断层顶板激发不同位置接收地震记录图

在含松动圈巷道条件下精细探测断层构造的可行性。

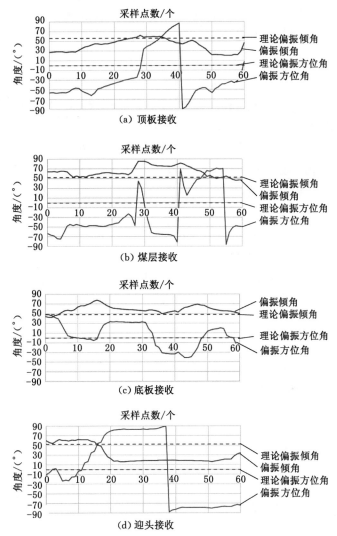

图 4-14　含松动圈巷道逆断层顶板激发不同位置接收极化参数图

对比图 4-14 中的各条曲线可知：

① 对于顶板接收到的地震信号,极化分析计算得到的偏振倾角曲线在有效波时间段内变化程度较大,存在一个较大的波峰,与理论偏振倾角偏差大。极化分析计算得到的偏振方位角曲线变化程度大,曲线波动剧烈,与理论偏振方位角偏差大。

②对于煤层接收到的地震信号,极化分析计算得到的偏振倾角曲线在有效波时间段内变化程度小,曲线较平稳,与理论偏振倾角偏差较小。极化分析计算得到的偏振方位角曲线变化程度大,曲线波动剧烈,与理论偏振方位角偏差大。

③对于底板接收到的地震信号,极化分析计算得到的偏振倾角曲线在有效波时间段内变化程度较小,且总体近似等于理论偏振倾角。极化分析计算得到的偏振方位角曲线变化程度大,曲线存在多个波峰波谷,与理论偏振方位角偏差大。

④对于迎头接收到的地震信号,极化分析计算得到的偏振倾角曲线在有效波时间段内变化程度较大,与理论偏振倾角偏差大。极化分析计算得到的偏振方位角曲线变化程度大,存在极性反转点,与理论偏振方位角偏差大。

对以上不同位置即顶板、底板、煤层和迎头接收到的绕射波的极化分析可知,受到松动圈影响,极化分析计算的倾角与理论值拟合程度较好,分析计算的方位角与理论值拟合程度差,因此,不同检波器排列接收到的地震信号其极化特征可以较为精确地反映出绕射波在竖直方向上的来向,但无法精确反映出绕射波在水平方向上的来向。

图 4-15 为含松动圈巷道逆断层煤层激发不同位置接收地震记录图,从波场快照显示的波的运动学、动力学特点,可以识别波场中存在初至波、断层绕射波,具体为:①直达纵波、②直达横波、③对盘断点绕射纵波、④对盘断点绕射横波、⑤巷道面波、⑥本盘绕射纵波和⑦反射槽波。图中震源位置处的检波器接收到的起始信号能量太强,使得下面的信号能量被压制而显示很小的值。由于巷道面波的影响,有效绕射波提取困难。

为了进一步分析绕射波的质点极化特征,将 X、Y、Z 三分量检波器采集的多波多分量合成三分量信号 (X, Y, Z),对该三分量数据进行基于希尔伯特变换复协方差矩阵极化分析方法,可获得每个采样点的主极化方向及极化特征参数,即优势极化偏振方位角与优势极化偏振倾角。主极化方向则代表地震波场质点振动主能量方向。为了准确确定所选时间段内波形的最优极化参数,对第 86 道检波器所选定的时窗内振幅逐点进行分析,使优势极化偏振方位角在所选定的周期内最稳定可靠。

图 4-16 所示为煤层激发不同位置接收的地震信号在绕射波有效区域内极化主轴对应的极化特征参数。通过分析研究地震信号极化主轴(质点振动方向)和测线方向的夹角与射线方向和测线方向夹角的相关关系,说明基于希尔伯特复协方差矩阵极化分析方法在含松动圈巷道条件下精细探测断层构造的

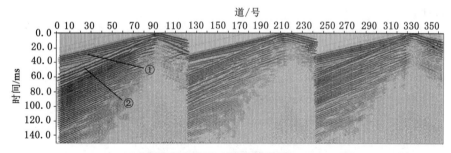

（a）顶板接收地震记录（从左到右分别为 X、Y、Z 分量）

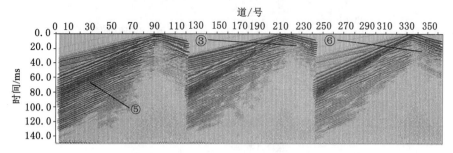

（b）底板接收地震记录（从左到右分别为 X、Y、Z 分量）

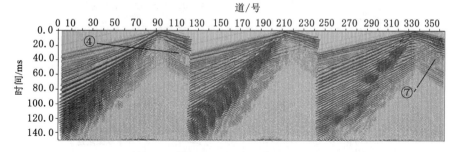

（c）侧帮接收地震记录（从左到右分别为 X、Y、Z 分量）

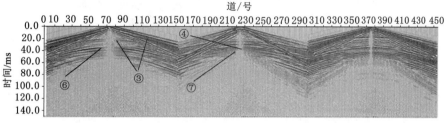

（d）迎头前方接收地震记录（从左到右分别为 X、Y、Z 分量）

图 4-15　含松动圈巷道逆断层煤层激发不同位置接收地震记录图

可行性。

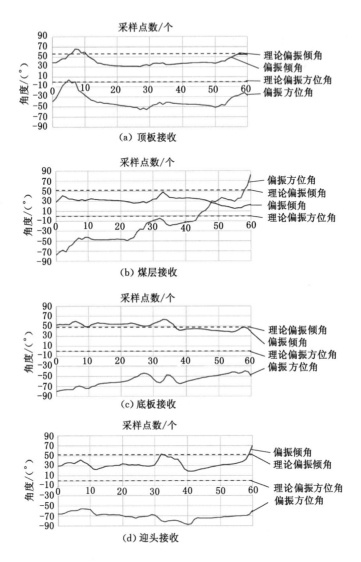

图 4-16　含松动圈巷道逆断层煤层激发不同位置接收极化参数图

对比分析图 4-16 中的各条曲线可知：

① 对于顶板接收到的地震信号，极化分析计算得到的偏振倾角曲线在有效波时间段内变化程度较小，曲线总体较为平缓，但与理论偏振倾角存在一定偏差。极化分析计算得到的偏振方位角曲线变化程度小，与理论偏振方位角存在

一定偏差。

② 对于煤层接收到的地震信号,极化分析计算得到的偏振倾角曲线在有效波时间段内变化程度较大,与理论偏振倾角存在一定偏差。极化分析计算得到的偏振方位角曲线变化程度大,呈上升趋势,与理论偏振方位角偏差大。

③ 对于底板接收到的地震信号,极化分析计算得到的偏振倾角曲线在有效波时间段内变化程度较小,曲线较为平缓,近似等于理论偏振倾角。极化分析计算得到的偏振方位角曲线变化程度大,曲线呈上升趋势,与理论偏振方位角偏差大。

④ 对于迎头接收到的地震信号,极化分析计算得到的偏振倾角曲线在有效波时间段内变化程度较小,但与理论偏振倾角存在较大误差。极化分析计算得到的偏振方位角曲线变化程度大,与理论偏振方位角存在较大偏差。

对以上不同位置即顶板、底板、煤层和迎头接收到的绕射波的极化分析可知,由于松动圈的影响,四种排列方式计算的极化偏振方位角与理论值存在较大偏差,无法准确反映绕射波的水平来向;而极化偏振倾角与理论值偏差较小,其中底板最小,可以精确地反映出绕射波在竖直方向上的来向。

图 4-17 为含松动圈巷道逆断层底板激发不同位置接收地震记录图,从波场快照显示的波的运动学、动力学特点,可以识别波场中存在初至波、断层绕射波,具体为:①直达纵波、②直达横波、③对盘断点绕射纵波、④对盘断点绕射横波、⑤巷道面波、⑥本盘绕射纵波和⑦反射槽波。图中震源位置处的检波器接收到的起始信号能量太强,使得下面的信号能量被压制而显示很小的值。由于巷道面波的影响,有效绕射波提取困难。

为了进一步分析绕射波的质点极化特征,将 X、Y、Z 三分量检波器采集的地震信号合成三分量信号(X,Y,Z),对该三分量信号数据进行基于希尔伯特变换复协方差矩阵极化分析方法处理,可获得每个采样点的主极化方向及极化特征参数,即优势极化偏振方位角与优势极化偏振倾角。主极化方向则代表地震波场质点振动主能量方向。通过波场分析确定第 86 道检波器接收到对盘断棱绕射波的大致时间段,对此时间段内振幅逐点进行分析,使优势极化偏振方位角在所选定的时间段内最稳定可靠。

图 4-18 所示为底板激发不同检波器排列接收的地震信号在对盘断点绕射波有效时间段内 60 个采样点极化主轴对应的极化特征参数形成的极化参数拟合曲线。通过分析研究地震信号极化主轴(质点振动方向)和测线方向的夹角与射线方向和测线方向夹角的相关关系,说明基于希尔伯特复协方差矩阵极化

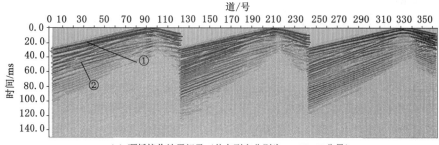

（a）顶板接收地震记录（从左到右分别为 X、Y、Z 分量）

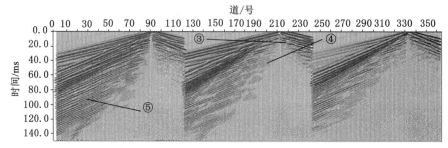

（b）底板接收地震记录（从左到右分别为 X、Y、Z 分量）

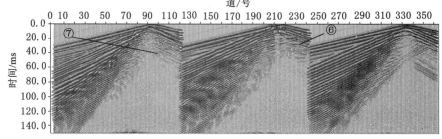

（c）侧帮接收地震记录（从左到右分别为 X、Y、Z 分量）

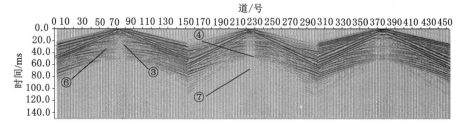

（d）迎头前方接收地震记录（从左到右分别为 X、Y、Z 分量）

图 4-17　含松动圈巷道逆断层底板激发不同位置接收地震记录图

分析方法在含松动圈巷道条件下精细探测断层构造的可行性。

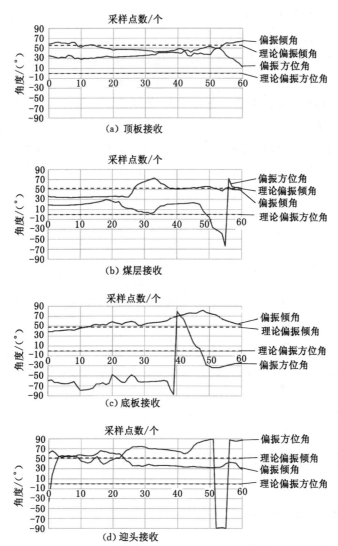

图 4-18　含松动圈巷道逆断层底板激发不同位置接收极化参数图

对比分析图 4-18 中的各条曲线可知：

① 对于顶板接收到的地震信号,极化分析计算得到的偏振倾角曲线在有效波时间段内变化程度较小,曲线较为平缓,与理论偏振倾角存在较大偏差。极化分析计算得到的偏振方位角曲线变化程度小,与理论偏振方位角存在较大偏差。

② 对于煤层接收到的地震信号,极化分析计算得到的偏振倾角曲线在有效波时间段内变化程度较小,存在一个突变点,近似等于理论偏振倾角。极化分析计算得到的偏振方位角曲线变化程度较大,与理论偏振方位角偏差大。

③ 对于底板接收到的地震信号,极化分析计算得到的偏振倾角曲线在有效波时间段内变化程度较小,存在一个波峰,近似等于理论偏振倾角。极化分析计算得到的偏振方位角曲线变化程度大,曲线波动剧烈,存在极性反转点,与理论偏振方位角偏差大。

④ 对于迎头接收到的地震信号,极化分析计算得到的偏振倾角曲线在有效波时间内小范围波动,总体近似等于理论偏振倾角。极化分析计算得到的偏振方位角曲线变化程度大,与理论偏振方位角存在较大的偏差。

对以上不同位置即顶板、底板、煤层和迎头接收到的绕射波的极化分析可知,由于松动圈的影响,四种排列方式计算的极化偏振方位角与理论值存在较大偏差,无法准确反映绕射波的水平来向;而极化偏振倾角与理论值偏差较小,可以精确地反映出绕射波在竖直方向上的来向。

通过模拟和分析全空间条件下煤巷空腔及围岩松动圈效应耦合影响下不同激发、接收点参数(空间位置、钻孔深度)的断点绕射波特点可以得到如下结论:震源位置对极化分析的效果影响较小,检波器排列与断盘的相对位置关系对极化分析的效果影响较大;由于煤巷空腔和松动圈的影响,极化偏振方位角与理论值存在较大偏差,无法准确反映绕射波的水平来向,而极化偏振倾角与理论值偏差较小,可以精确地反映出绕射波在竖直方向上的来向。

4.3 断失翼煤层极化特征分析与成像

4.3.1 模型及观测系统

通过前面的章节分析可知:可以通过对有效绕射波的极化分析判断断盘的位置信息。为验证此方法的可行性,设计了如图 4-19 所示的断失翼模型,模型在 X、Y、Z 方向的大小分别为 200 m、150 m、150 m,Z 方向中间为煤层,煤厚 5 m,煤层顶底板岩性相同,煤层 $X=90$ m 处断失。各岩层的弹性参数见表4-3。对模型在 X、Y、Z 方向上进行网格化,网格大小为 $\Delta X=\Delta Y=\Delta Z=0.3$ m。

本次数值模拟过程中布置 3 个震源和 4 条检波线。震源分别为顶板激发(90 m,75 m,48 m)、煤层激发(90 m,75 m,52.5 m)和底板激发(90 m,75 m,

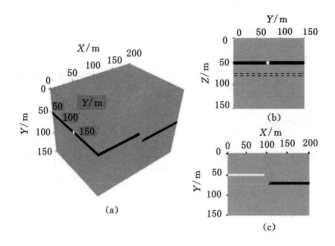

图 4-19　实验模型三维图

57 m),震源深度为 2 m。

表 4-3　实验模型岩层弹性参数

介质	纵波速度/(m/s)	横波速度/(m/s)	密度/(kg/m³)
围岩	3 000	1 730	2 200
煤层	2 200	1 270	1 200
巷道	340	0	1.29

　　检波线分别为顶板接收(红色测线)、底板接收(蓝色测线)、煤层左帮接收(黑色测线)和迎头沿倾向接收(绿色测线)。每条检波线利用 121 道三分量检波器同时接收,其中,X 方向平行测线方向,即指向断层方向;Y 方向垂直测线方向,即垂直煤壁方向;Z 方向为垂直方向,即指向底板方向;道间距为 1 m,接收孔深为 2 m。观测系统的布置如图 4-20 所示。

　　模拟采用主频为 250 Hz 的零相位雷克子波爆炸震源,采样时间 $\Delta t = 0.05$ ms。模型边界采用 PML 吸收边界。

4.3.2　三分量地震波场空间传播特征

　　为分析地震波在煤层空间中的传播特征,选取底板激发震源的不同时刻的波场快照行剖面截取。图 4-21 为底板激发的不同时刻的地震波场中 $Y = 75$ m 处 X、Y、Z 三个分量三维波场快照的切片图。

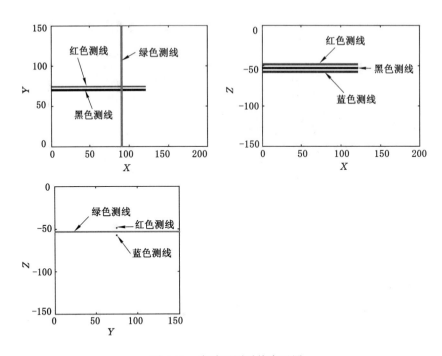

图 4-20　实验观测系统布置图

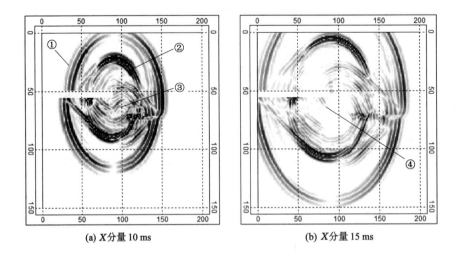

(a) X分量 10 ms　　　　　　　(b) X分量 15 ms

图 4-21　Y=75 m 处三分量波场快照切片图

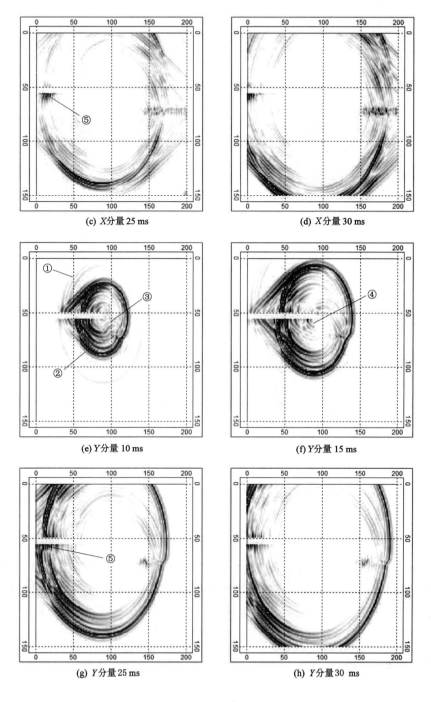

(c) X分量 25 ms

(d) X分量 30 ms

(e) Y分量 10 ms

(f) Y分量 15 ms

(g) Y分量 25 ms

(h) Y分量 30 ms

图 4-21(续)

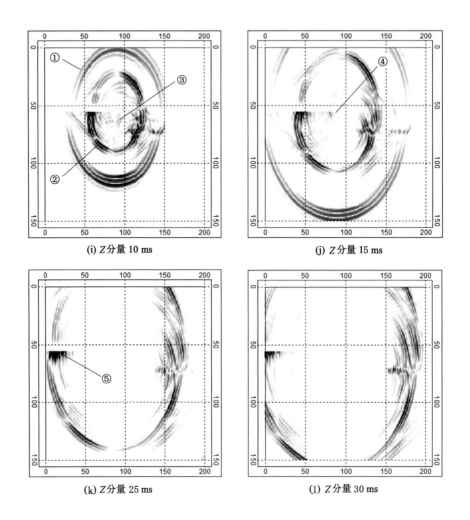

(i) Z分量 10 ms   (j) Z分量 15 ms

(k) Z分量 25 ms   (l) Z分量 30 ms

图 4-21(续)

从三分量波场快照切片图中可以看出:在 10 ms 时刻,震源发出球面子波向四周传播,产生①直达 P 波和②直达 S 波;震源产生的球面子波在扩散过程中遇到断层的断棱,产生③绕射 P 波和④绕射 S 波向四周扩散,绕射 P 波在 15 ms 左右到达检波器排列,之后绕射 S 波到达检波器排列,并产生巷道面波⑤。

4.3.3 极化成像

图 4-22 为时长 150 ms 的 45°单个异常界面模型 X、Y、Z 三分量地震记录,

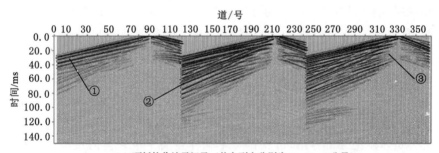

（a）顶板接收地震记录（从左到右分别为 X、Y、Z 分量）

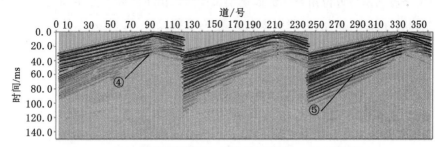

（b）底板接收地震记录（从左到右分别为 X、Y、Z 分量）

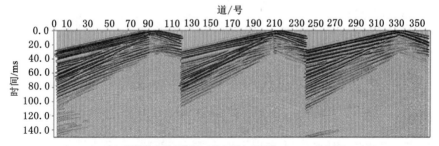

（c）侧帮接收地震记录（从左到右分别为 X、Y、Z 分量）

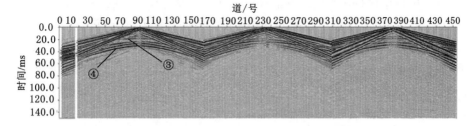

（d）迎头前方接收地震记录（从左到右分别为 X、Y、Z 分量）

图 4-22 断失翼煤层顶板激发不同位置接收地震记录图

从波场快照显示的波的运动学、动力学特点,可以识别波场中存在初至波、断层绕射波,具体为:①直达纵波、②直达横波、③断层绕射纵波、④断层绕射横波和⑤巷道面波。根据前面章节的分析,选择绕射纵波作为极化分析的特征波。选取有效波时窗范围内的 60 个采样点进行希尔伯特变换分析。

为了进一步分析绕射波的质点极化特征,将 X、Y、Z 三分量检波器采集的多波多分量合成三分量信号(X,Y,Z),对该三分量数据进行基于希尔伯特变换复协方差矩阵极化分析方法,可获得每个采样点的主极化方向及极化特征参数,即优势极化偏振方位角与优势极化偏振倾角。由于实际中并不知道断点与检波器的对应关系,因此,取顶板激发震源,对顶板接收、底板接收、迎头接收排列的检波器接收的有效绕射信号逐一进行极化分析。取直达波以下的信号都作为有效绕射信号进行极化分析。将断点绕射波有效时段内计算出来的所有极化角度作为有效角度,采用希尔伯特极化成像技术进行成像。具体流程如下:提取所有含断点绕波的地震记录;对有效时窗内所有点进行极化分析,得到极化偏振倾角和极化偏振方位角;以检波点的空间位置和所对应的极化角度构造射线;选取特定边长的窗口,获取所有窗口内射线交点的数目,根据概率分布分析,进行成图分析。

图 4-23 为顶板激发,不同位置检波器接收的地震记录极化成像图,其中 X、Y 坐标表示空间位置,色标表示窗口内极化射线的叠加密度。由图 4-23(a)(b)(c)对比分析可知:(a)图中顶板接收的地震信号极化方向收敛性较差,存在两个极化方向收敛点,主要收敛区域集中在检波器附近,与实际模型不吻合,极化成像效果差;以迎头位置为原点,通过比较反演结果与实际绕射点的相对位置关系确定反演误差,因此在 X 方向上的误差为 220%,在 Z 方向上的误差为 91.5%;(b)图中底板接收的地震信号极化方向收敛性较好,存在一个极化方向收敛点,主要收敛区域集中在断点附近,与实际模型较为吻合,极化成像效果好,在 X 方向上的误差为 35%,在 Z 方向上的误差为 28.5%;(c)图中煤层接收的地震信号极化方向收敛性差,存在多个极化方向收敛点,主要收敛区域集中在检波器和煤层附近,与实际模型不吻合,极化成像效果差,在 X 方向上的误差为 138%,在 Z 方向上的误差为 93.5%。

对顶板激发模型的不同位置即顶板、底板、煤层接收到的断点绕射波的极化成像分析可知,煤层和顶板接收到的信号极化成像效果差,存在不收敛和假象的情况;对于底板信号,基于希尔伯特变化的复数域极化分析结果可以表达出空间地震数据点的主能量方向,可以大致定位绕射点的位置,但是仍然存在位置偏差。

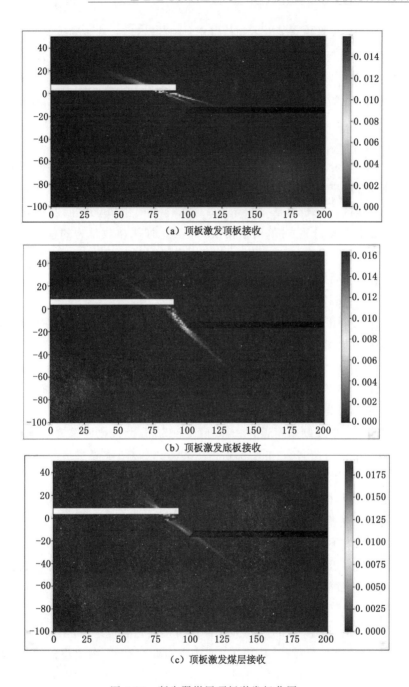

（a）顶板激发顶板接收

（b）顶板激发底板接收

（c）顶板激发煤层接收

图 4-23　断失翼煤层顶板激发极化图

图 4-24 为断失翼煤层激发不同位置接收地震记录图,从波场快照显示的波的运动学、动力学特点,可以识别波场中存在初至波、断层绕射波,具体为:①直达纵波、②直达横波、③断层绕射纵波、④断层绕射横波和⑤巷道面波。由于矿井条件的复杂性,不同断盘的横波与槽波相互影响,对极化分析造成很大的干扰,而不同断盘的纵波的极化特征明显且易与其他波形相互区分,因此选择绕射纵波作为极化分析的特征波,选取有效波周围 60 个采样点进行希尔伯特变换分析。

为了进一步分析绕射波的质点极化特征,将 X、Y、Z 三分量检波器采集的多波多分量合成三分量信号 (X,Y,Z),对该三分量数据进行基于希尔伯特变换复协方差矩阵极化分析方法,可获得每个采样点的主极化方向及极化特征参数。取煤层中激发震源,对顶板接收、底板接收、迎头接收排列的检波器接收的有效绕射信号逐一进行极化分析。取直达波以下的信号都作为有效绕射信号进行极化分析。将断点绕射波有效时段内计算出来的所有极化角度作为有效角度,采用希尔伯特极化成像技术进行成像。

图 4-25 为煤层激发,不同位置检波器接收的地震记录极化成像图。由图 4-25(a)(b)(c)对比分析可知:(a)图中顶板接收的地震信号极化方向收敛性较差,存在两个极化方向收敛点,主要收敛区域集中在检波器附近,与实际模型不吻合,极化成像效果差,在 X 方向上的误差为 99%,在 Z 方向上的误差为 92%;(b)图中底板接收的地震信号极化方向收敛性较好,存在一个极化方向收敛点,主要收敛区域集中在断点附近,与实际模型较为吻合,极化成像效果好,在 X 方向上的误差为 3%,在 Z 方向上的误差为 8.5%;(c)图中煤层接收的地震信号极化方向收敛性差,存在多个极化方向收敛点,主要收敛区域集中在检波器和煤层附近,与实际模型不吻合,极化成像效果差,在 X 方向上的误差为 194%,在 Z 方向上的误差为 87.6%。

对煤层激发不同位置接收到的断点绕射波的极化成像分析可知,煤层和顶板接收到的信号极化成像效果差,存在不收敛和假收敛的情况;对于底板接收的信号,极化成像效果较好,存在单个能量收敛区域,与实际断点位置存在较小的误差。

图 4-26 为断失翼煤层底板激发不同位置接收地震记录图,从波场快照显示的波的运动学、动力学特点,可以识别波场中存在初至波、断层绕射波,具体为:①直达纵波、②直达横波、③断层绕射纵波、④断层绕射横波和⑤巷道面波。由于矿井条件的复杂性,不同断盘的横波与槽波相互影响,对极化分析造成很大的干扰,而不同断盘的纵波的极化特征明显且易与其他波形相互区分,因此选

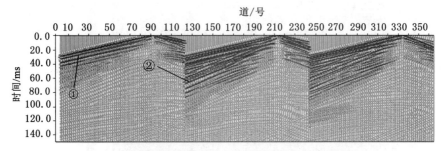

（a）顶板接收地震记录（从左到右分别为 X、Y、Z 分量）

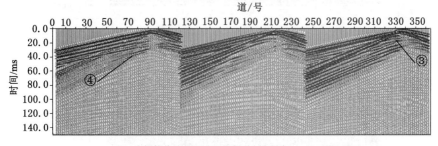

（b）底板接收地震记录（从左到右分别为 X、Y、Z 分量）

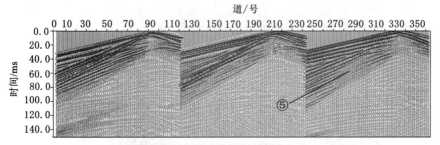

（c）侧帮接收地震记录（从左到右分别为 X、Y、Z 分量）

（d）迎头前方接收地震记录（从左到右分别为 X、Y、Z 分量）

图 4-24　断失翼煤层激发不同位置接收地震记录图

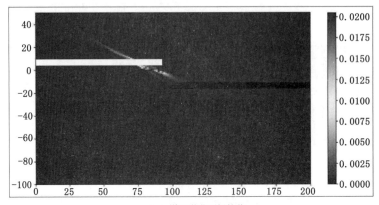

（a）煤层激发顶板接收

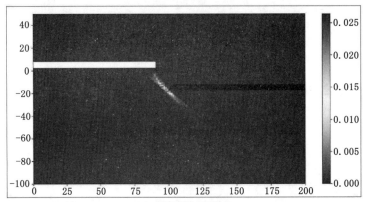

（b）煤层激发底板接收

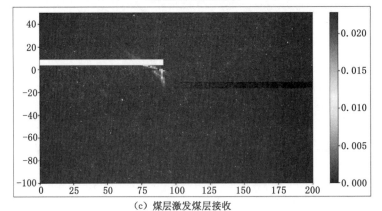

（c）煤层激发煤层接收

图 4-25　断失翼煤层煤层激发极化成像图

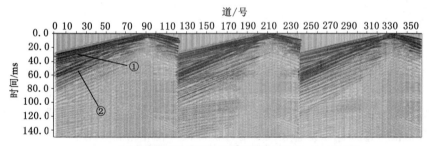

（a）顶板接收地震记录（从左到右分别为 X、Y、Z 分量）

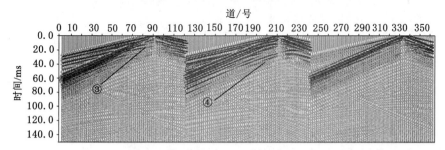

（b）底板接收地震记录（从左到右分别为 X、Y、Z 分量）

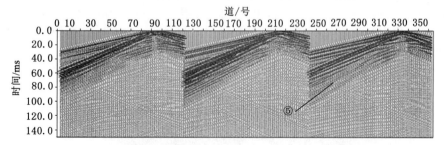

（c）侧帮接收地震记录（从左到右分别为 X、Y、Z 分量）

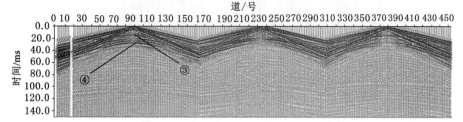

（d）迎头前方接收地震记录（从左到右分别为 X、Y、Z 分量）

图 4-26　断失翼煤层底板激发不同位置接收地震记录图

择绕射纵波作为极化分析的特征波。选取有效波周围 60 个采样点进行希尔伯特变换分析。

为了进一步分析绕射波的质点极化特征,将 X、Y、Z 三分量检波器采集的多波多分量合成三分量信号(X,Y,Z),对该三分量数据进行基于希尔伯特变换复协方差矩阵极化分析方法,可获得每个采样点的主极化方向及极化特征参数。取煤层中激发震源,对顶板接收、底板接收、迎头接收排列的检波器接收的有效绕射信号逐一进行极化分析。取直达波以下的信号都作为有效绕射信号进行极化分析。将断点绕射波有效时窗内计算出来的所有极化角度作为有效角度,采用希尔伯特极化成像技术进行成像。

图 4-27 为底板激发,不同位置检波器接收的地震记录极化成像图。由图 4-27(a)(b)(c)对比分析可知:(a)图中顶板接收的地震信号极化方向收敛性较差,存在两个极化方向收敛点,主要收敛区域集中在检波器附近,与实际模型不吻合,极化成像效果差,在 X 方向上的误差为 222%,在 Z 方向上的误差为88%;(b)图中底板接收的地震信号极化方向收敛性较好,存在一个极化方向收敛点,主要收敛区域集中在断点附近,与实际模型较为吻合,极化成像效果好,在 X 方向上的误差为 8%,在 Z 方向上的误差为 18.5%;(c)图中煤层接收的地震信号极化方向收敛性差,存在多个极化方向收敛点,主要收敛区域集中在检波器和煤层附近,与实际模型不吻合,极化成像效果差,在 X 方向上的误差为128%,在 Z 方向上的误差为 88%。

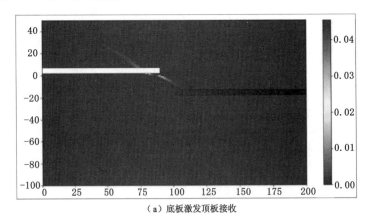

(a)底板激发顶板接收

图 4-27　断失翼煤层底板激发极化成像图

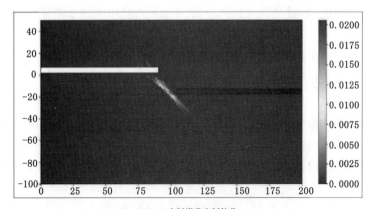

（b）底板激发底板接收

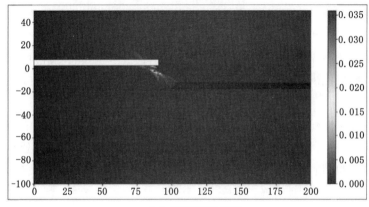

（c）底板激发煤层接收

图 4-27（续）

对底板激发不同位置接收到的断点绕射波的极化成像分析可知,煤层和顶板接收到的信号极化成像效果差,存在不收敛和假象的情况;对于底板接收的信号,基于希尔伯特变化的复数域极化分析结果可以精确地表达出空间地震数据点的主能量方向,精准定位绕射点的位置。

4.4　本章小结

（1）基于矿井巷道的实际地质情况,建立了含巷道逆断层数值模型、含松动圈逆断层数值模型及断失翼煤层数值模型。针对不同数值模型,利用点震源激发进行了有限差分模拟计算,充分考虑了不同地震波运动学及动力学特征;运用合成波场快照、地震记录及极化分析三种方式对地震波场传播规律进行了研究分析。

（2）通过对含巷道逆断层模型波场快照、合成记录和极化分析可得出：震源位置对极化分析的效果影响较小，检波器排列与断盘的相对位置关系对极化分析的效果影响较大；地震波在传播过程中遇到巷道自由表面，产生巷道面波；受到巷道面波干扰影响，极化分析计算的倾角与理论拟合程度较好，分析计算的方位角与理论拟合程度差，因此，不同检波器排列接收到的地震信号其极化特征可以反映出绕射波在竖直方向上的来向，但无法反映出绕射波在水平方向上的来向。

（3）通过对含松动圈巷道逆断层模型波场快照、合成记录和极化分析可得出：震源位置对极化分析的效果影响较小，检波器排列与断盘的相对位置关系对极化分析的效果影响较大；地震波在传播过程中遇到松动圈时产生的巷道面波比无松动圈产生的巷道面波对接收效果影响大；由于煤巷空腔和松动圈的影响，极化偏振方位角与理论值存在较大偏差，而极化偏振倾角与理论值偏差较小。

（4）对断失翼煤层不同位置顶板、底板、煤层接收到的断点绕射波的极化成像分析可知：底板激发底板接收观测系统断失翼煤层界面成像收敛性强、方向分辨率高，可以精准定位绕射点的位置；断点绕射波的来向与检波器位置对应时，极化成像的效果最精确。

5　现场案例分析

5.1　济宁矿区探测案例

5.1.1　地质概况

（1）煤层岩性

柴里煤矿 23614 工作面面积约 0.2 km²，北为程楼断层，西为田岗断层，东为二龙岗断层，南为该巷道。地面为原小杨庄旧址，大部分为农田，无重要建筑物。地面标高 35.16～35.90 m。该巷道井下位于 236 采区西北部，北为程楼断层，西南为二龙岗断层与田岗断层交汇区域，西为田岗断层保护煤柱，东为 $23_上$ 614 工作面采空区。煤层埋藏深度 -530.91～-466.20 m。田岗断层与二龙岗断层交汇，本区 3 煤顶板砂岩与田岗断层对盘奥灰含水层对接，原勘探资料显示田岗断层为导水断层。$23_下$ 614 运输巷经一分层开采，其中该工作面剩余 $3_上$ 煤厚 0～5.32 m，平均 2.10 m，中矸厚 0.20～9.00 m，平均 2.50 m，黑色，含大量植物化石，遇水易软化，中矸较厚处中下部逐渐演变为砂质泥岩。$3_下$ 煤厚 2.80～5.05 m，平均 3.90 m，局部含一层泥岩夹矸 0～2.33 m。$23_下$ 614 切眼 $3_上$ 煤厚 4.80～5.25 m，平均 5.05 m，中矸厚 1.05～1.50 m，平均 2.50 m，黑色，含大量植物化石，遇水易软化。$3_下$ 煤厚 3.80～4.50 m，平均 4.10 m。其中煤层顶底板岩性情况如表 5-1 所列。

（2）断层发育情况

柴里煤矿 $23_下$ 614 工作面处于 3 条断层形成的地堑区域，柴里煤矿在掘的 $23_下$ 614 运输巷迎头存在 F2 断层，且 $23_下$ 614 运输巷外帮存在二龙岗断层。$23_下$ 614 运输巷北部整体呈一单斜构造形态，倾向 SE，倾角 3°～6°。南部整体呈一单斜构造形态,倾向 SW,倾角 3°～6°,局部起伏明显。23上614 切眼煤层整体呈一单斜构造形态,倾向 SE,倾角 6°左右。23下614运输巷在掘进过程中预计将揭露 5 条断层。

表 5-1 煤层顶底板岩性情况表

顶底板名称	岩石名称	厚度/m	岩性特征
基本顶	中砂岩	$\dfrac{5.3\sim34}{25.4}$	灰白色,以石英、长石为主,钙质胶结,较坚硬
直接顶	泥岩	$\dfrac{0\sim3.0}{0.4}$	灰黑色、薄层状,局部含有植物化石及片状黄铁矿
直接底	泥岩、碳质泥岩	$\dfrac{0.48\sim3.25}{0.5}$	黑色～灰黑色泥岩,泥质胶结,局部含植物根部化石
基本底	砂质泥岩、中砂岩	$\dfrac{2.9\sim9.98}{7.1}$	砂质泥岩呈灰白色,泥岩含砂质,泥质胶结,致密坚硬。中砂岩灰白色以石英、长石为主,钙质胶结,较坚硬

(3) 水文地质条件

通过上分层施工顶板砂岩疏放水钻孔、三灰水文孔及工作面开采,3 煤顶板砂岩水、底板三灰水受到一定疏放,停采后工作面采空区持续出水,分析主要水源为 3 煤顶板砂岩水和底板三灰水,下分层掘进将进一步对周边断裂构造及上部 3 煤顶板砂岩、底板三灰含水层造成扰动,容易形成新的导水裂隙和通道,引起工作面涌水量增大等异常情况。工作面周边及面内断裂构造发育,巷道南部为田岗和二龙岗断层交汇处,北部为田岗和程楼断层交汇处,西部为田岗断层,伴生次生构造发育,面内为 F2 断层,受采动和巷道掘进影响,对断裂构造产生扰动,在断层附近裂隙发育段易形成导水通道,对巷道掘进产生一定的影响,故煤巷掘进期间需对前方断层构造进行预报,为安全掘进提供技术参数。

5.1.2 观测系统布置

本次地震数据采集的观测系统是建立在矿井巷道狭长且有限的空间里,为了满足施工要求,探明前方断层的具体位置,设计了如图 5-1 所示的观测系统。

根据数值模拟结论,采用底板激发、底板接收的优先方式布置观测系统,检波器布置在巷道左侧底板中。该观测系统中道间距为 2.5 m,其中第 16 号检波

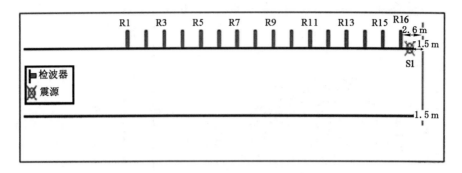

图 5-1 超前探测观测系统示意图

器距离巷道迎头距离为 2.6 m;炮检距 2.5 m,孔深 1.5 m,震源在巷道左侧底板
中激发,距离迎头均为 1.5 m;以检波器 R1 为坐标原点,X 方向为沿着巷道方
向,Y 方向指向顶板,Z 方向垂直于巷道壁。

5.1.3 数据采集与处理

本次超前探测数据采集采用分布式地震勘探系统和 TZBS 系列三分量传
感器进行数据采集,采集仪器设备如图 5-2 所示。

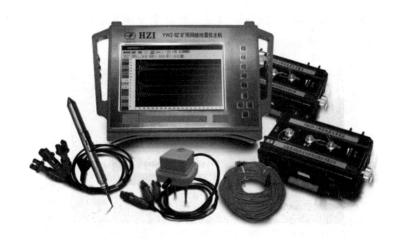

图 5-2 采集仪器设备

对现场采集到的三分量物探数据经过极化成像处理。原始单道信号如图

5-3(a)所示,第 14 道三分量地震信号如图 5-3(b)所示。

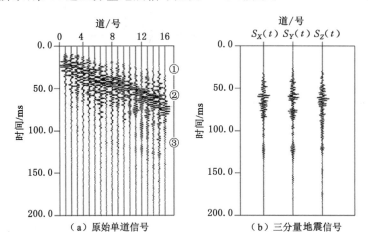

（a）原始单道信号　　　　　（b）三分量地震信号

图 5-3　三分量原始信号

　　为了使数据质量更高,将激发点周围的检波器信号从地震记录中剔除,由速度分析可知,图 5-3 中:①为直达纵波,②为直达横波,其后续为面波,③为绕射波;选择所有含异常界面绕射波的信号,利用基于希尔伯特变换极化分析的成像方法进行成像分析,得到如图 5-4 所示的极化成像剖面图。结合数值模拟希尔伯特极化成像结果,可以分析出最大能量主要的集中位置在迎头前方 75～80 m,在底板以下 14 m。

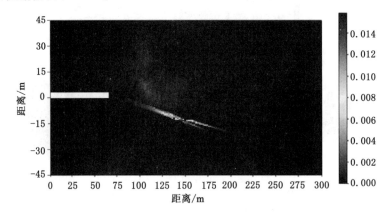

图 5-4　极化成像剖面图

5.1.4 地质解释与验证对比

由图 5-5 可知,该运输巷当日迎头前方 75~80 m、底板下 14 m 处存在一个强振幅异常点。由于该巷道掘进面临三灰水威胁,在地震超前探测当天开展了矿井瞬变电磁超前探测,瞬变电磁超前探测资料显示迎头前方 100 m 内顶底板富水性弱,断层导通三灰水可能性小。由巷道掘进验证情况得出:在超前探测范围内,迎头前方有 76~78 m 处为 F2 断层,该逆断层落差为 14 m,倾角为 60°,与超前探测判定异常区基本吻合。

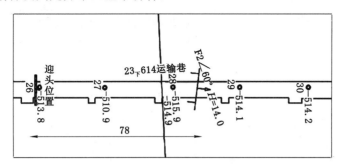

图 5-5　实测地质示意图(单位:m)

5.2　淮南矿区探测案例

5.2.1　地质概况

1612A 工作面位于西风井工业广场西侧,对应地面的是东楼村、西楼村、前孙家村南侧以及乡村公路、济河及其堤坝,其余为农田和灌溉沟渠、地表水系等。1612A 工作面位于西三 1 煤上采区中部,东起西三 1 煤采区系统巷道,西至 F22 断层,南部为 1 煤实体,北部为 1611A 工作面。1 煤煤层情况为:煤层倾角 8°~12°,平均 9.5°,呈黑色,块状,少量片状,内生裂隙发育,中上部裂隙充填黄铁矿,多亮煤条带,属半亮型煤,下部以暗煤为主,油脂光泽;在补 I 5 孔附近煤层中上部有一层泥岩夹矸,煤层结构简单~复杂;受顶板砂岩冲刷影响,煤层分别从七东至七 5 孔起向西 260 m 左右以及自七 7 孔起向西 420 m 左右变薄,煤层厚度 4.9~7.1 m。煤层顶底板岩性情况如表 5-2 所列。

表 5-2　煤层顶底板岩性情况表

顶底板名称	岩石名称	厚度/m	岩 性 特 征
基本顶	中细砂岩	$\dfrac{11.8\sim51.3}{25.4}$	浅灰～灰白色,中厚层～厚层块状,间夹薄层粉砂岩,性硬,局部层理发育,为薄层～中厚层状且层面具泥质,该层中部主要成分为石英及长石,矽、钙质胶结,在裂隙发育处,岩石破碎易离层。在距煤层顶板 8～12 m 之间富含泥质包裹体,在西风井 C3-Ⅱ孔为 51.3 m 的厚巨层砂岩。岩石物理力学性质:抗压强度 119.57 MPa,弹性模量 41.827 GPa,泊松比 0.16
直接顶	砂质泥岩	$\dfrac{0\sim1.7}{0.4}$	灰色,薄层状,性软,见少量植物化石碎片,该层仅在七东至七 5 孔以及补Ⅰ5 孔周边赋存,其余大部被冲刷尖灭
直接底	砂质泥岩	$\dfrac{0\sim1.5}{0.5}$	灰色,性脆,见少量植物化石碎片,局部相变为泥质粉砂岩。岩石物理力学性质:抗压强度 37 MPa,弹性模量 10.596 GPa,泊松比 0.3
基本底	砂泥岩互层	$\dfrac{4.8\sim9.9}{7.1}$	灰色砂质泥岩与灰白色粉细砂岩互层,性脆易碎。岩石物理力学性质:抗压强度 93.87 MPa,弹性模量 47.181 GPa,泊松比 0.17

　　依据西三 1 煤采区系统巷道、1611A 运输顺槽以及西三 1 煤－565 m 疏水巷、1613A 底抽巷两条沿灰岩掘进巷道实际揭露资料,以及地面钻探和三维地震资料综合分析:工作面掘进范围内煤岩层总体近似为一单斜构造;地层走向 70°～130°,倾向 160°～220°,倾角 8°～12°,平均 9.5°,在构造发育附近煤岩层产状可能有一定变化。预计轨道顺槽、运输顺槽将揭露的断层主要有邻近巷道实际揭露的 NF12-1、NF12 等断层,另外根据对三维地震时间剖面二次解释,在切眼中段发育一异常区,可能表现为一小构造。工作面预计大型断层参数详见表 5-3。

表 5-3　预计大型断层参数表

构造名称	走向/(°)	倾向/(°)	倾角/(°)	性质	落差/m	对掘进影响程度
NF12-1	154	244	60～63	正断层	2 左右	影响小
NF12	9	99	78	正断层	2	影响小
F1611A28	32	122	67	正断层	2.8	影响较大

表 5-3(续)

构造名称	走向/(°)	倾向/(°)	倾角/(°)	性质	落差/m	对掘进影响程度
Fs626(轨顺)	190	280	75	正断层	10 左右	影响大
Fs623(轨顺)	43	133	73～90	正断层	4	影响大
Fs619	25	115	20～80	正断层	5.7	影响大
Fs626(运顺)	177	267	77	正断层	9 左右	影响大
F1613A75	41	131	67～86	正断层	5.6	影响大
Fs623(运顺)	56	146	57～63	正断层	2.5	影响较大
F1613A77	207	297	62～70	正断层	5.5	影响大
F1611A76(运顺)	210	300	58～75	正断层	3.6	影响较大

工作面掘进期间将揭露多条落差大于 3 m 以上的断层,由于 1 煤底板距一灰顶板平均 18.3 m 左右,大断层极易成为导水通道甚至沟通灰岩含水层,因此在掘进过程中严格按照《淮南矿业集团 A 组煤开采底板灰岩水害防治规定》中"A 组煤巷道掘进时,坚持'物探先行、钻探验证、交叉掩护、循环迈步'的原则安全施工,必须对巷道掘进前方顺层方向、底板及侧向进行超前物探,超前距不得小于 30 m,底板及侧向探测范围不得小于 30 m 并对物探异常区进行钻探验证"执行。

5.2.2 观测系统布置

1612A 工作面位于西三 1 煤上采区中部,东起西三采区 1 煤系统巷道,西至 F22 断层,南部为 1 煤实体,北部为 1611A 工作面(已掘成,准备回采)。其中 Fs626(轨顺)断层对施工造成了极大的影响,为了使工程顺利进行,必须找出该断层的准确位置。本次现场采集使用的是分布式地震勘探系统,采集仪器为 YWZ-11Z 矿用网络地震仪。由于在工作面内部进行巷道掘进,左右帮为煤层,因此利用的是槽波超前探测前方小断层,检波器布置在左右帮的煤层松动圈中,因此设计了如图 5-6 所示的观测系统。

该观测系统中空间坐标系是以垂直测线方向为 X 分量,即垂直于煤壁方向;Y 方向平行于测线方向,即指向断层方向;Z 方向为垂直方向,即指向底板方向。G_1 为坐标原点,24 个检波器在巷道的左帮依次排列,其中道间距为 3 m,孔深为 1.5 m。根据现场实际情况,设定检波器 G_{14}、G_{15} 处两个检波点之间的道间距为 4 m,G_{24} 距离掌子面的距离为 10.2 m。激发点共 10 个,一炮激发 24 道

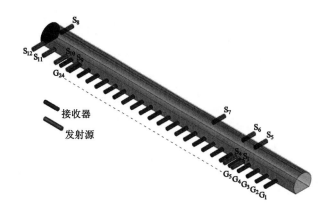

图 5-6　槽波超前探观测系统

同时接收，其中左帮的 S_1、S_4、S_9、S_{10}、S_{11}、S_{12} 分别距离坐标原点 11 m、12 m、66.7 m、70.7 m、74.7 m、78.7 m；右帮的 S_5、S_6、S_7、S_8 与坐标原点的水平距离分别为 12.9 m、17 m、27 m、78.3 m。

5.2.3　数据处理及其分析

　　将现场采集到的数据经过处理软件转化为计算机可以处理的格式，可以得到相关原始图件，选出其中数据质量较好的第 9 炮、第 10 炮、第 11 炮地震记录，如图 5-7 所示。

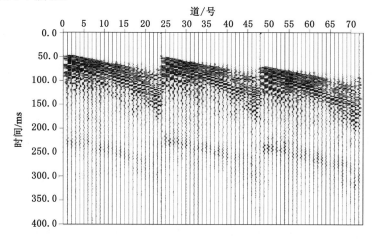

图 5-7　槽波超前探原始数据图

将实际位置坐标输入软件,使其在真实的空间中进行处理,进行炮检互换处理,将激发点和检波点的位置互换,也就相当于路径的互换;为分析地震波场特征,对地震记录进行频谱分析,得到其频谱范围,经过 FFT 变换,将地震信号从时间域变换到频率域进行分析,结果如图 5-8 所示。

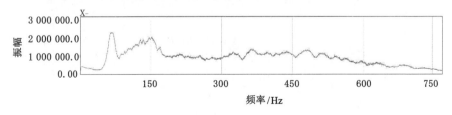

图 5-8 频谱分析图

对地震记录进行初至校正,消除系统的延时现象,如图 5-9 所示,从图中可知:①为直达纵波,速度约为 3.6 km/s;②为直达横波,波速约为 1.8 km/s;③为直达槽波,从地震记录可以看出直达槽波信号信噪比较差,其中面波干扰严重;④为异常界面的反射信号,其波速约为 1.1 km/s,结合数值模拟反射槽波特征,可判定其为反射槽波。

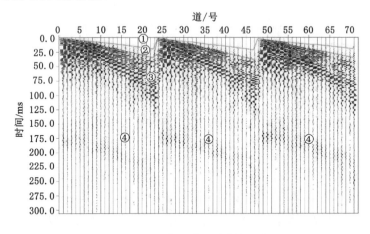

图 5-9 初至校正成果图

从地震记录中找到了异常界面的反射信号后,为了识别有效波并进行滤波处理,需要同时对地震记录进行振幅的补偿。预处理后,采用拉冬变换视速度滤波算法对巷道前方异常界面的反射波进行提取,同时压制其他界面干扰波的干扰;由图 5-10 可知这里的反射槽波呈现正速度特征,图中 200~250 ms 附近同相轴为三炮地震记录中反射槽波信号。

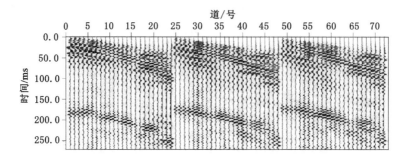

图 5-10　反射槽波提取

速度分析的主要目的是建立速度模型,为下面的速度拾取和偏移成像做准备,这里选取的背景速度参数为 1.1 km/s,如图 5-11 所示。

图 5-11　速度模型构建

建立速度模型,对反射能量集中的位置进行偏移处理,使其恢复到地下空间位置。其结果如图 5-12 所示,其中:②位置为异常界面反射槽波位置;①位置属于面波和体波混杂的区域,其信噪比较差,无法区分有效波和干扰波,属于超前探的"盲区",其信号的可信度不高。

对于初步偏移的成果图,对振幅参数进行优化,将一些低能量区的干扰去除,对这些反射界面进行提取。其成果图如图 5-13 所示,其中:①位置为界面位置,从前面数值模拟部分可知松动圈会使得槽波出现延时现象,故解释反射异常位置进行了滞后距离校正。

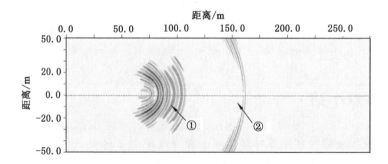

图 5-12   地震槽波超前探初步偏移成图

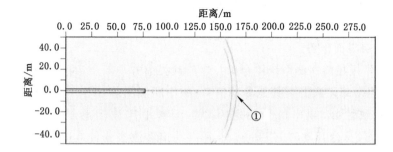

图 5-13   槽波超前探成果图

5.2.4   地质解释及其验证

由图 5-14 可知:强波阻抗界面位于掘进工作面前方 78~83 m 位置,波阻抗

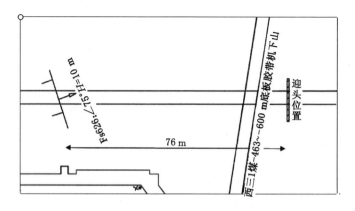

图 5-14   实测地质示意图

差异较大,为断层发育区域,但由于松动圈的存在,会对槽波造成一定的延时,滞后距离校正的波阻抗界面 75～80 m。实际揭露资料表明:探测迎头前方 76.0～77.5 m 位置处揭露了 Fs626 断层,探测结果与实际资料基本吻合。

5.3　本章小结

（1）断层破碎带在地质异常界面位置介质密度差异大,这一物性差异特点使得采用地震反射波法超前预测预报具备地球物理基础。超前探测过程中,通过道参及头参修改、炮检互换、速度拾取、频散分析、τ-p 及 F-K 联合滤波、道内平衡、反射波提取等预处理方法提取前方有效反射信号,基于偏移速度分析获取速度模型后通过极化偏移及松动圈滞后校正获取成像结果,通过强振幅特征可判定断层界面位置。

（2）常规超前探测系统适合矿井超前预报前方小断层,可以探测到小断层的位置,但是却无法得到其他参数信息,如小断层的落差等。由于三分量信号强振幅一致性好,频率信号稳定、可靠,所含地震波信息丰富,基于 Visual C++.NET 平台开发的 HTPsFilter 矿井巷道多波多分量地震数据处理系统,利用希尔伯特极化分析技术对断失翼煤层的三分量信号进行分析并收敛成像,可以实现断层绕射点的空间归位。实证结果表明希尔伯特极化成像技术可为煤巷安全掘进提供断层相关的技术参数,从而实现煤巷前方断层的精细定量探测。

6 结论与展望

6.1 研究结论

（1）基于矿井巷道主要地质异常界面产状，建立了无巷道条件影响下正、逆断层的数值模型、含巷道逆断层数值模型、含松动圈逆断层数值模型及断失翼煤层数值模型。针对不同属性断层，利用点震源激发进行了有限差分正演计算，充分考虑了不同地震波运动学及动力学特征；运用波场快照、合成地震记录及极化分析三种方式对地震波场传播规律进行了研究分析。

（2）当正断层超前探测时，上盘断失翼煤层断点绕射波与下盘煤层断点绕射波、反射槽波混叠，断点绕射波无法识别；当逆断层超前探测时，上、下盘煤层断点绕射波到时差异显著，易于分离提取，且下盘断点绕射波极化偏振倾角指向性强。

（3）震源位置对极化分析的效果影响较小，检波器排列与断盘的相对位置关系对极化分析的效果影响较大；地震波在传播过程中遇到巷道自由表面，产生巷道面波；受到巷道面波干扰影响，极化分析计算的偏振倾角与理论值拟合程度较好，分析计算的偏振方位角与理论值拟合程度差，因此，不同检波器排列接收到的地震信号其极化特征可以反映出绕射波在竖直方向上的来向，但无法反映出绕射波在水平方向上的来向。

（4）由于煤巷空腔和围岩松动圈的耦合作用，巷道面波发育，断点绕射波极化偏振方位角与理论值存在较大偏差，而极化偏振倾角与理论值偏差较小；当断点绕射波穿过煤层时，极化参数发生改变，无法通过极化参数成像；断点绕射波直接到达检波器时，极化参数准确，可以通过极化参数对断点进行精确成像。

（5）提出了一种对掘进工作面前方断失翼煤层进行高精度定位的希尔伯特极化成像新方法。该方法利用希尔伯特极化分析计算断点绕射波极化参数，通过检波器组合计算可能存在的绕射点并以其空间密度分布为衡量标准,对断失翼煤层进行收敛成像。希尔伯特极化成像方法无须考虑速度建模问题,利用时间域绕射波的极化特征可以实现对断失翼煤层的准确定位。通过极化分析断失翼煤层界面的绕射波可以精准定位绕射点的位置。

(6)断层破碎带在地质异常界面位置介质密度差异大,这一物性差异特点使得采用地震反射波法超前预测预报具备地球物理基础。超前探测过程中,通过道头参修改、炮检互换、速度拾取、频散分析、τ-p 及 F-K 联合滤波、道内平衡、反射波提取等预处理方法提取前方有效反射信号,基于偏移速度分析获取速度模型后通过极化偏移及松动圈滞后校正获取成像结果,通过强振幅特征可判定断层界面位置。

(7)常规超前探测系统适合矿井超前预报前方小断层,可以探测到小断层的位置,但是却无法得到其他参数信息,如小断层的落差等。三分量信号强振幅一致性好,频率信号稳定、可靠,所含地震波信息丰富,使用基于 Visual C++. NET 平台开发的 HTPsFilter 矿井巷道多波多分量地震数据处理系统,在典型矿区开展了现场试验,构建了断层落差参数的超前探测模型,实证结果表明希尔伯特极化成像技术可为煤巷安全掘进提供必要的技术参数。

6.2　展望

本书是在前人研究成果的基础上,对地震波法超前预报进行了研究,获得了具有一定的理论和工程意义的研究成果。但巷道施工超前高精度地质预报是一项复杂且实践性很强的工作,需在理论及现场工程中不断深入、创新、优化、总结、完善及提高。通过对完成工作的梳理,文中有些地方还不够透彻、完善,有待于进一步的发展。

(1)为节约内存、提高计算速度适应现场软件需求,本文采用的是以弹性波波场理论为基础的波场分析及处理方法,忽略了围岩等介质的黏弹性特征。为了适应巷道复杂波场特点,在数值模拟中加入黏弹性因素是下步工作的重点。

(2)目前巷道地震波法受限于施工空间,所能激发接收的地震数据较少,成像点有限,实际速度建模及偏移成像效果仍然受限;全面有效利用各种波场,进行多波多分量联合反演,方可真正达到高精度、高分辨定量、定性预报效果。围绕该点,作者将在今后努力开展相应工作。

参 考 文 献

[1] 煤炭清洁发电是破解我国能源困局的有效途径[EB/OL]. [2014-12-23]. http://www.nea.gov.cn/2014-12/23/c_133872859.htm.

[2] 武强,姚义,赵颖旺,等.矿井突(透)水灾害过程中涉险人员危险性评价方法与应用[J].煤炭学报,2020,45(7):2357-2366.

[3] XU J P,LIU S D,WANG B,et al. Electrical monitoring criterion for water flow in faults activated by mining[J]. Mine water and the environment, 2012,31(3):172-178.

[4] 李增学.矿井地质学[M].北京:煤炭工业出版社,2009.

[5] 张平松,欧元超,李圣林.我国矿井物探技术及装备的发展现状与思考[J].煤炭科学技术,2021,49(7):1-15.

[6] 郭立全.矿井巷道震波超前探测系统研究[D].淮南:安徽理工大学,2008.

[7] 刘盛东,章俊,李纯阳,等.矿井多波多分量地震方法与试验[J].煤炭学报, 2019,44(1):271-277.

[8] 汪志军,刘盛东,路拓,等.煤体瓦斯与地震波属性的相关性试验[J].煤田地质与勘探,2011,36(5):63-65.

[9] 彭苏萍.我国煤矿安全高效开采地质保障系统研究现状及展望[J].煤炭学报,2020,45(7):2331-2345.

[10] 崔若飞,陈同俊,钱进.煤层气(瓦斯)地震勘探方法[M].徐州:中国矿业大学出版社,2012.

[11] 程建远,朱梦博,王云宏,等.煤炭智能精准开采工作面地质模型梯级构建及其关键技术[J].煤炭学报,2019,44(8):2285-2295.

[12] 刘盛东,刘静,岳建华.中国矿井物探技术发展现状和关键问题[J].煤炭学报,2014,39(1):19-25.

[13] 邓帅奇,李东会,赵朋朋.基于煤岩特征弹性参数的掘进煤巷地震波超前探测研究[J].煤矿安全,2020,51(12):192-197.

[14] WANG B,SUN H C,HUANG L Y,et al.Wave field characteristics of small faults around the loose circle of rock surrounding a coal roadway [J].Journal of environmental and engineering geophysics,2020,25(2): 245-254.

[15] LÜTH S,BUSKE S,GIESE R,et al.Fresnel volume migration of multi-component data[J].Geophysics,2005,70(6):S121-S129.

[16] 常旭,刘伊克,桂志先.反射地震零偏移距逆时偏移方法用于隧道超前预报 [J].地球物理学报,2006,49(5):1482-1488.

[17] GONG X B,HAN L G,NIU J J,et al.Combined migration velocity mod-el-building and its application in tunnel seismic prediction[J].Applied ge-ophysics,2010,7(3):265-271.

[18] 俞寿朋.高分辨率地震勘探[M].北京:石油工业出版社,1993.

[19] 何樵登.地震勘探原理和方法[M].北京:地质出版社,1986.

[20] 朱光明.垂直地震剖面方法[M].北京:石油工业出版社,1988.

[21] 李庆忠.走向精确勘探的道路[M].北京:石油工业出版社,1994.

[22] 李录明,罗省贤.多波多分量地震勘探原理及数据处理方法[M].成都:成都科技大学出版社,1997.

[23] 刘志刚,赵勇.隧道隧洞施工地质技术[M].北京:中国铁道出版社,2001.

[24] 董敏煜.多波多分量地震勘探[M].北京:石油工业出版社,2002.

[25] 朱光明,李庆春,胡建平.数字信号分析与处理[M].西安:陕西人民教育出版社,2003.

[26] 柳杨春.HSP 地质超前预报技术及其应用[J].西部探矿工程,1997,9(5): 34-36.

[27] INAZAKI T,ISAHAI H,KAWAMURA S,et al.Stepwise application of horizontal seismic profiling for tunnel prediction ahead of the face[J]. The leading edge,1999,18(12):1429-1431.

[28] 钟世航.陆地声纳法及其应用效果[J].物探与化探,1997,21(3):172-179.

[29] 钟世航.用陆地声纳法和微分电测深结合探查岩溶、洞穴[J].物探与化探, 2003,27(3):240-243.

[30] 钟世航,孙宏志,王荣.陆地声呐法[M].北京:中国科学技术出版社,2012.

［31］曾昭璜.隧道地震反射法超前预报［J］.地球物理学报,1994,37(2):268-271.

［32］王勃,刘盛东,王一.采煤掘进工作面超前极化偏移成像技术［M］.徐州:中国矿业大学出版社,2014.

［33］刘盛东,王勃,章俊.矿井地震方法与技术［M］.徐州:中国矿业大学出版社,2016.

［34］LU T,LIU S D,WANG B,et al. A review of geophysical exploration technology for mine water disaster in China:applications and trends［J］. Mine water and the environment,2017,36(3):331-340.

［35］WANG B,LIU S D,JIN B,et al. Fine imaging by using advanced detection of reflected waves in underground coal mine［J］. Earth sciences research journal,2019,23(1):93-99.

［36］ DICKMANN T,SANDETER B K. Drivage-concurrent tunnel seismic prediction(TSP):result from Vereina north tunnel mega-preject and prio-ra pilot gallery［J］. Felsbau,1996,14(6):406-411.

［37］齐传生.TSP202 隧道地震波超前地质预报系统的应用［J］.世界隧道,2000(1):36-40.

［38］李忠.TSP-202 探测系统在新堡纳隧道地质超前预报中的应用研究［J］.地质与勘探,2002,38(1):86-89.

［39］刘志刚,刘秀峰.TSP(隧道地震勘探)在隧道隧洞超前预报中的应用与发展［J］.岩石力学与工程学报,2003,22(8):1399-1402.

［40］鲁光银,罗帅,朱自强,等.基于柱坐标系的隧道空间全波场数值模拟与分析［J］.铁道科学与工程学报,2020,17(2):388-395.

［41］SATTEL G,FREY P,AMBERG R. Prediction ahead of the tunnel face by seismic methods-pilot project in Centovalli Tunnel,Locarno,Switzerland［J］. First break,1992,10(1):19-25.

［42］吕志强.TSP 在隧道超前预报中的研究与应用［D］.成都:成都理工大学,2011.

［43］何继善,柳建新.隧道超前探测方法技术与应用研究［J］.工程地球物理学报,2004,1(4):293-298.

［44］陈立成,许帮保,王大为,等.隧道施工掌子面前方层界面层析成象预报［J］.计算物理,1994,11(1):68-74.

[45] OTTO R,BUTTON E ,BRETTEREBNER H,et al. The application of TRT ture reflection tomography at the Unterwald tunnel[J]. Geophysics,2002,20(2):51-56.

[46] LI S C,REN Y X,LIU L B,et al. Reverse time migration of seismic forward-prospecting data in tunnels based on beamforming methods[J]. Rock mechanics and rock engineering,2019,52(9):3261-3278.

[47] WANG B,HUANG L Y,LIU S D,et al. Polarization migration of multi-component seismic data for survey in the tunnel of mountain cities[J]. Journal of environmental and engineering geophysics, 2019, 24 (4): 569-578.

[48] 刘云祯. TGP 隧道地震波预报系统与技术[J].物探与化探,2009,33(2): 170-177.

[49] 刘云祯,梅汝吾. TGP 隧道地质超前预报技术的优势[J].隧道建设,2011, 31(1):21-32.

[50] 杜立志.隧道施工地质地震波法超前探测技术研究[D].长春:吉林大学,2008.

[51] 叶英.隧道施工超前地质预报新方法研究[J].地下空间与工程学报,2010, 6(3):521-525.

[52] BRÜCKL E,CHWATAL W,MERTL S,et al. Exploration ahead of a tunnel face by TSWD-tunnel seismic while drilling[J]. Geomechanik und tunnelbau,2008,1(5):460-465.

[53] 沈鸿雁.反射波法隧道、井巷地震超前预报研究[D].西安:长安大学,2006.

[54] 胡运兵,张宏敏,吴燕清.井下多波多分量地震反射法探测陷落柱的应用研究[J].矿业安全与环保,2008,35(3):45-47.

[55] 胡运兵.矿井地震反射超前法探测煤层冲刷带的应用[J].煤炭科学技术, 2010,38(11):116-119.

[56] 梁庆华,宋劲.矿井多波多分量地震勘探超前探测原理与实验研究[J].中南大学学报(自然科学版),2009,40(5):1392-1398.

[57] 贺志云.矿井多分量地震勘探数据处理系统的设计与应用[D].北京:中国矿业大学(北京),2008.

[58] ZHAO Y G,JIANG H,ZHAO X P. Tunnel seismic tomography method

for geological prediction and its application[J]. Applied geophysics,2006,3(2):69-74.

[59] HU M S,PAN D M,LI J J. Numerical simulation scattered imaging in deep mines[J]. Applied geophysics,2010,7(3):272-282.

[60] 程久龙,宋广东,刘统玉,等.煤矿井下微震震源高精度定位研究[J].地球物理学报,2016,59(12):4513-4520.

[61] ASHIDA Y,MATSUOKA T,WATANABE T. Imaging algorithm for looking ahead prediction of near subsurface data[C]//Proceedings of the 4th SEG International Symposium. [S. l:s. n],1998:129-134.

[62] ASHIDAY. Seismic imaging ahead of a tunnel face with three-component geophones[J]. International journal of rock mechanics and mining sciences,2001,38(6):823-831.

[63] HANSON D R,VANDERGRIFT T L,DEMARCO M J,et al. Advanced techniques in site characterization and mining hazard detection for the underground coal industry[J]. International journal of coal geology,2002,50(1-4):275-301.

[64] 林义,刘争平,王朝令,等.TSP断层模型数值模拟[J].吉林大学学报(地球科学版),2015,45(6):1870-1878.

[65] 沈鸿雁.反射波法隧道、井巷地震超前预报研究[D].西安:长安大学,2006.

[66] 胡运兵.矿井远距离超前探测系统与应用研究[D].长沙:中南大学,2014.

[67] 贺志云.矿井多分量地震勘探数据处理系统的设计与应用[D].北京:中国矿业大学(北京),2008.

[68] ZHAO Y G,JIANG H,ZHAO X P. Tunnel seismic tomography method for geological prediction and its application[J]. Applied geophysics,2006,3(2):69-74.

[69] HU M S,PAN D M,LI J J. Numerical simulation scattered imaging in deep mines[J]. Applied geophysics,2010,7(3):272-282.

[70] 程久龙,宋玉龙,李金锋,等.巷道地震超前探测散射波成像数值模拟[C]//中国地球物理学会第29届年会论文集.[S. l:s. n],2013.

[71] 程建远,覃思,陆斌,等.煤矿井下随采地震探测技术发展综述[J].煤田地质与勘探,2019,47(3):1-9.

[72] 蒋锦朋,何良,朱培民,等.基于槽波的 TVSP 超前探测方法:可行性研究
[J].地球物理学报,2018,61(9):3865-3875.

[73] 武延辉,王伟,滕吉文,等.透射与反射槽波联合探测小构造应用研究:以山
西龙泉矿区为例[J].地球物理学进展,2021,36(3):1325-1332.

[74] 姬广忠,魏久传,杨思通,等.HTI 煤层介质槽波波场与频散特征初步研究
[J].地球物理学报,2019,62(2):789-801.

[75] 杨真.基于 ISS 的薄煤层采空边界探测理论与试验研究[D].徐州:中国矿
业大学,2009.

[76] 杨思通,程久龙.煤巷小构造 Rayleigh 型槽波超前探测数值模拟[J].地球
物理学报,2012,55(2):655-662.

[77] WANG B,LIU S D,ZHOU F B,et al. Dispersion characteristics of SH
transmitted channel waves and comparative study of dispersion analysis
methods[J]. Journal of computational and theoretical nanoscience,2016,
13(2):1468-1474.

[78] 陆斌.基于孔间地震细分动态探测的透明工作面方法[J].煤田地质与勘
探,2019,47(3):10-14.

[79] 覃思,程建远.煤矿井下随采地震反射波勘探试验研究[J].煤炭科学技术,
2015,43(1):116-119.

[80] 杨思通,程久龙.煤巷地震超前探测数值模拟及波场特征研究[J].煤炭学
报,2010,35(10):1633-1637.

[81] TYIASNING S,MERZLIKIN D,COOKE D,et al. A comparison of dif-
fraction imaging to incoherence and curvature[J]. Leading edge,2016,35
(1):86-89.

[82] ZHANG J F,ZHANG J J. Diffraction imaging using shot and opening-an-
gle gathers:a prestack time migration approach[J]. Geophysics,2014,79
(2):S23-S33.

[83] 朱生旺,李佩,宁俊瑞.局部倾角滤波和预测反演联合分离绕射波[J].地球
物理学报,2013,56(1):280-288.

[84] 黄建平,张入化,国运东,等.基于 Seislet 分数阶阈值算法约束的平面波最
小二乘逆时偏移[J].中国石油大学学报(自然科学版),2020,44(3):
26-37.

[85] 王真理,赵惊涛.一种叠后地震波中绕射波信息提取方法:CN102520444A

[P].2012-06-27.

[86] 李学良.绕射波成像及其在裂缝预测中的运用研究[D].北京:中国科学院大学,2012.

[87] 杨德义,王赟,王辉.陷落柱的绕射波[J].石油物探,2000,39(4):82-86.

[88] NGUYEN L T,NESTOROVIC T. Unscented hybrid simulated annealing for fast inversion of tunnel seismic waves[J]. Computer methods in applied mechanics and engineering,2016,301:281-299.

[89] 程久龙,李飞,彭苏萍,等.矿井巷道地球物理方法超前探测研究进展与展望[J].煤炭学报,2014,39(8):1742-1750.

[90] 张先武.多波地震勘探数据波场分离技术研究[D].长春:吉林大学,2010.

[91] 张婧,张文栋,张铁强,等.应用 $\tau\text{-}p$ 域矢量旋转的地震数据波场分离[J].石油地球物理勘探,2020,55(1):46-56.

[92] 张靖.多波多分量地震勘探资料波场分离方法研究[D].北京:中国地质大学(北京),2015.

[93] CHAPMAN C H. Generalized Radon transforms and slant stacks[J]. Geophysical journal international,1981,66(2):445-453.

[94] DURRANI T S,BISSET D. The Radon transform and its properties[J]. Geophysics,1984,49(8):1180-1187.

[95] 吴律,武克奋,孙力.$\tau\text{-}p$ 变换方法及其在地震资料处理中的应用(Ⅰ)[J].石油物探,1986,25(1):37-53.

[96] MOON W,CARSWELL A,TANG R,et al. Radon transform wave field separation for vertical seismic profiling data[J]. Geophysics,1986,51(4):940-947.

[97] BEYLKIN G. Discrete Radon transform[J]. IEEE transactions on acoustics speech and signal processing,1987,35(2):162-172.

[98] FOSTER D J,MOSHER C C. Suppression of multiple reflections using the Radon transform[J]. Geophysics,1992,57(3):386-395.

[99] 吴律.$\tau\text{-}p$ 变换及应用[M].北京:石油工业出版社,1993.

[100] ZHOU B Z,GREENHALGH S A. Linear and parabolic $\tau\text{-}p$ transforms revisited[J]. Geophysics,1994,59(7):1133-1149.

[101] 戚敬华,李萍.利用 $\tau\text{-}p$ 变换技术实现多波波场分离[J].煤田地质与勘探,1998,26(5):54-57.

[102] 许世勇,李彦鹏,马在田.τ-q 变换法波场分离[J].中国海上油气(地质),1999,13(5):334-337.

[103] WANG C S. Dip moveout in the Radon domain[J]. Geophysics,1999,64(1):278-288.

[104] SACCHI M D. Statistical and transform methods for seismic signal processing[D]. Edmonton:University of Alberta,1999.

[105] 牛滨华,孙春岩,张中杰,等.多项式 Radon 变换[J].地球物理学报,2001,44(2):263-271.

[106] SCHONEWILL M A,DUIJNDAM A. Parabolic Radon transform,sampling and efficiency[J]. Geophysics,2001,66(2):667-678.

[107] MAELAND E. Sampling,aliasing,and inverting the linear Radon transform[J]. Geophysics,2004,69(3):859-861.

[108] 王维红,张伟,石颖,等.基于波场分离的弹性波逆时偏移[J].地球物理学报,2017,60(7):2813-2824.

[109] 王维红,首皓,刘洪,等.线性同相轴波场分离的高分辨率 τ-p 变换法[J].地球物理学进展,2006,21(1):74-78.

[110] 刘保童,朱光明.一种频率域提高 Radon 变换分辨率的方法[J].西安科技大学学报,2006,26(1):112-116.

[111] 张保卫.Radon 变换及其在地震数据处理中的应用[D].西安:长安大学,2007.

[112] 曾有良.Radon 变换波场分离技术研究[D].东营:中国石油大学(华东),2007.

[113] CARSWELL A,TANG R,DILLISTONE C,et al. A new method of wave field separation in VSP data processing[C]//SEG Technical Program Expanded Abstracts 1984. Society of Exploration Geophysicists. [S. l:s. n],1984: 40-42.

[114] 张伟,石颖.矢量分离纵横波场的弹性波逆时偏移[J].地球物理学进展,2017,32(4):1728-1734.

[115] 聂爱兰.VSP 波场分离的径向中值滤波方法[J].煤田地质与勘探,2011,39(5): 69-71,75.

[116] 丁拼搏,李录明,邓颖华.非零偏 VSP 多波波场分离方法[J].物探化探计算技术,2011,33(5):477-482.

[117] 毕有益.井间地震波场分离方法技术研究[D].西安:长安大学,2015.

[118] LILLY J M,PARK J. Multiwaveletspec and polarizationa alyses of seismic records[J]. Geophysical jounal international,1995,122:1001.

[119] 刘财,董世学,杨宝俊,等.极化滤波在广角地震 P、S 波场分离中的应用[J].物探化探计算技术,1995,17(2):15-18.

[120] 葛勇,韩立国,韩文明,等.极化分析研究及其在波场分离中的应用[J].长春地质学院学报,1996,26(1):83-88.

[121] PLESINGER A,HELLWEG M,SEIDL D. Interactive high-resolution polarization analysis of broadband seismograms[J]. J Geophys,1986,59:129-139.

[122] MOROZOV I B,SMITHSON S B. Instantaneous polarization attributes and directional filtering[J]. Geophysics,1996,61(3):872-881.

[123] 杨建广,吕绍林.地球物理信号处理技术的研究及进展[J].地球物理学进展,2002,17(1):171-175.

[124] 李桂元.F-K 域滤波假频的消除方法[J].石油地球物理勘探,1994,29(增刊 1):86-92.

[125] 罗省贤,李录明.F-K 域多波变速波场分离[J].物探化探计算技术,1999,21(2):126-132.

[126] SCHIMMEL M,GALLART J. The inverse S-transform in filters with time-frequency localization[J]. IEEE transactions on signal processing,2005,53(11):4417-4422.

[127] 戴亦军.多波反射地震勘探数据采集及波场分离技术研究与应用[D].湖南:中南大学,2005.

[128] 王天.隧道地震超前预报中的波场分离数值模拟研究[D].成都:西南交通大学,2011.

[129] 廖文彬.基于矩阵奇异值分解的图像压缩方法研究[D].成都:成都理工大学,2007.

[130] 姚艳美.二维滤波方法的数学原理及其应用[D].西安:长安大学,2012.

[131] 沈鸿雁,李庆春.奇异值分解(SVD)实现地震波场分离与去噪新思路[J].地球物理学进展,2010,25(1):225-230.

[132] 冯兴强,杨长春,龙志祎.基于奇异值分解的 f-x-y 域滤波方法[J].物探与化探,2005,29(2):171-173.

[133] 高静怀,朱光明.奇异值分解在 VSP 中的应用[J].西安地质学院学报,
1992(3):71-78.

[134] 陈遵德,段天友,朱广生.SVD 滤波方法的改进及应用[J].石油地球物理
勘探,1994,29(6):783-792.

[135] 李文杰,魏修成,刘洋,等.SVD 滤波法在直达波和折射波衰减处理中的
应用[J].石油勘探与开发,2004,31(5):71-73.

[136] 牛滨华,孙春岩,王海军,等.用 SVD 与 MCC 结合法压制地震波场的随
机噪音[J].现代地质,1999,13(3):334-338.

[137] 张润楚.多元统计分析[M].北京:科学出版社,2006.

[138] 李文杰,魏修成,宁俊瑞,等.叠前弹性波逆时深度偏移及波场分离技术探
讨[J].物探化探计算技术,2008,30(6):447-456.

[139] 陈可洋,王建民,关昕,等.逆时偏移技术在 VSP 数据成像中的应用[J].
石油地球物理勘探,2018,53(S1):89-93.

[140] 李振春.地震偏移成像技术研究现状与发展趋势[J].石油地球物理勘探,
2014,49(1):1-21.

[141] BLEISTEIN N. On the imaging of reflectors in the earth[J]. Geophys-
ics,1987,52(7):931-942.

[142] SCHLEICHER J, HUBRAL P, TYGEL M, et al. Minimum apertures
and Fresnel zones in migration and demigration[J]. Geophysics,1997,62
(1):183-194.

[143] RISTOW D,RÜHL T. Fourier finite-difference migration[J]. Geophys-
ics,1994,59(12):1882-1893.

[144] LIU Y K,SUN H C,CHANG X. Least-squares wave-path migration
[J]. Geophysical prospecting,2005,53(6):811-816.

[145] 别尔克豪特.地震偏移:波场外推法声波成像[M].马在田,张叔伦,译.北
京:石油工业出版社,1983.

[146] 程乾生.信号数字处理的数学原理[M].北京:石油工业出版社,1979.

[147] 李祺.物探数值方法导论[M].北京:地质出版社,1991.

[148] 黄德济,贺振华,包吉山.地震勘探资料数字处理[M].北京:地质出版
社,1990.

[149] HILL N R. Prestack Gaussian-beam depth migration[J]. Geophysics,
2001,66(4):1240-1250.

［150］ SUN Y H,QIN F H,CHECKLES S,et al. 3-D prestack Kirchhoff beam migration for depth imaging［J］. Geophysics,2000,65(5):1592-1603.

［151］ COCKSHOTT I. Specular beam migration-a low cost 3-D pre-stack depth migration ［C］//SEG Technical Program Expanded Abstracts 2006. Society of Exploration Geophysicists. ［S. l:s. n］,2006:3541.

［152］ TING C O,WANG D L. Controlled beam migration applications in Gulf of Mexico［C］//SEG Technical Program Expanded Abstracts 2008. Society of Exploration Geophysicists. ［S. l:s. n］,2008:3713.

［153］ GRAY S H. Gaussian beam migration of common-shot records［J］. Geophysics,2005,70(4):S71-S77.

［154］ GRAY S H,BLEISTEIN N. True-amplitude Gaussian beam migrationn ［J］. Geophysics,2009,74(2):S11-S23.

［155］ 石颖,刘洪.地震信号的复地震道分析及应用［J］.地球物理学进展,2008,23(5):1538-1543.

［156］ CHEN L,FU C,XU X J,et al. Imaging the geology ahead of a tunnel using seismics and adaptive polarization analysis［J］. Journal of environmental and engineering geophysics,2020,25(2):189-198.

［157］ SUN H,SCHUSTER G T. 2-D wavepath migration［J］. Geophysics,2001,66(5):1528-1537.

［158］ 刘国峰.弯曲射线 Kirchhoff 积分叠前时间偏移及并行实现［D］.北京:中国地质大学(北京),2007.

［159］ 张唤兰.椭圆展开成像方法研究［D］.西安:长安大学,2009.

［160］ 沈鸿雁,李庆春,冯宏.隧道反射地震超前探测偏移成像［J］.煤炭学报,2009,34(3):298-304.

［161］ PAVLIS G L. Three-dimensional,wavefield imaging of broadband seismic array data［J］. Computers & geosciences,2011,37(8):1054-1066.

［162］ 宋杰.隧道施工不良地质三维地震波超前探测方法及其工程应用［D］.济南:山东大学,2016.

［163］ LUTH S,GIESE R,RECHLIN A. A seismic exploration system around and ahead of tunnel excavation-Onsite［C］//World Tunnel Congress,2008. ［S. l:s. n］,2008:34.

［164］ DILLON P B. Vertical seismic profile migration using the Kirchhoff integral[J]. Geophysics,1988,53(6):786-799.

[165] 荣骏召,芦俊,李建峰,等. 矢量 Kirchhoff 叠前深度偏移[J]. 石油地球物理勘探,2017,52(6):1170-1176.

[166] BUSKE S,GUTJAHR S,SICK C. Fresnel volume migration of single-component seismic data[J]. Geophysics,2009,74(6):WCA47-WCA55.

[167] WHITMORE N D. Iterative depth migration by backward time propagation[C]//SEG Technical Program Expanded Abstracts 1983. Society of Exploration Geophysicists. [S. l:s. n],1983: 382-385.

[168] BAYSAL E,KOSLOFF D D,SHERWOOD J W C. Reverse-time migration[J]. Geophysics,1983,48(11):1514-1524.

[169] LOEWENTHAL D,MUFTI I R. Reversed time migration in spatial frequency domain[J]. Geophysics,1983,48(5):627-635.

[170] CHANG W F,MCMECHAN G A. Reverse-time migration of offset vertical seismic profiling data using the excitation-time imaging condition [J]. Geophysics,1986,51(1):67-84.

[171] 尧德中. 单程弹性波逆时偏移和相移偏移方法[J]. 石油地球物理勘探,1994,29(4):449-455.

[172] 焦叙明,张明强,王艳冬,等. 叠前逆时偏移实用化方法研究[J]. 地球物理学进展,2019,34(1): 0107-0112.

[173] 杜启振,秦童. 横向各向同性介质弹性波多分量叠前逆时偏移[J]. 地球物理学报,2009,52(3):801-807.

[174] 杨仁虎,常旭,刘伊克. 叠前逆时偏移影响因素分析[J]. 地球物理学报,2010,53(8):1902-1913.

[175] 鲁光银,熊瑛,朱自强. 井巷工程反射波超前探测逆时偏移成像[J]. 地球物理学进展,2009,24(6):2308-2315.

[176] 张文波. 井间地震交错网格高阶差分数值模拟及逆时偏移成像研究[D]. 西安:长安大学,2005.

[177] 鲁光银. 隧道地质灾害反射波法探测数值模拟及围岩 F-AHP 分级研究[D]. 长沙:中南大学,2009.

[178] MILLER D,ORISTAGLIO M,BEYLKIN G. A new slant on seismic imaging:Migration and integral geometry[J]. Geophysics,1987,52(7):943-964.

[179] BEYLKING. Generalized Radon transform and its applications[D]. New York:New York University,1982.

[180] WANG B,JIN B,HUANG L Y,et al. A Hilbert polarization imaging method with breakpoint diffracted wave in front of roadway[J]. Journal of applied geophysics,2020,177:1-9.